ゼロからはじめる

アップルウォッチ

Apple Watch Series 9

スマートガイド

Ultra2
Ultra
Series8/7/6/5
4/SE2/SE
対応

JN028147

技術評論社

CONTENTS

Chapter 1
Apple Watch のキホン

Section 01 Apple Watchとは …… 8
Section 02 Apple Watchを充電する …… 14
Section 03 iPhoneとペアリングする …… 16
Section 04 初期設定を行う …… 18
Section 05 Apple Watchの画面 …… 22
Section 06 Apple Watchを操作する …… 24
Section 07 スマートスタックを利用する …… 31
Section 08 コントロールセンターを利用する …… 34
Section 09 通知を確認する …… 39

Chapter 2
文字盤と時計機能を利用する

Section 10 文字盤を切り替える …… 46
Section 11 文字盤をカスタマイズする …… 52
Section 12 時計機能を利用する …… 61
Section 13 ストップウォッチを利用する …… 63

Chapter 3
Apple Pay を利用する

Section 14 Apple Payのしくみとできること …… 66
Section 15 Apple Payでクレジットカードを利用する …… 70
Section 16 Apple Watchに交通系ICカードを設定する …… 76
Section 17 交通系ICカードを管理する …… 82
Section 18 iPhoneで交通系ICカード専用アプリを使う …… 84

Section 19 ウォレットアプリのパスサービスを使う 86

Chapter 4
コミュニケーション機能を利用する

Section 20 連絡先を利用する 90
Section 21 メッセージを送る 92
Section 22 メッセージを読む 94
Section 23 メールボックスを設定する 96
Section 24 メールを送る 97
Section 25 メールを読む 98
Section 26 メールに返信する 99
Section 27 メールを削除する 100
Section 28 メール通知の設定を変更する 102
Section 29 電話をかける 105
Section 30 通話をiPhoneに切り替える 107
Section 31 FaceTimeオーディオで通話する 108
Section 32 着信音と通知音を調節する 110
Section 33 トランシーバーで通話する 112

Chapter 5
運動を管理する

Section 34 アクティビティアプリでできること 114
Section 35 アクティビティの利用を始める 116
Section 36 アクティビティのムーブを利用する 118
Section 37 アクティビティの通知を設定する 120
Section 38 iPhoneでアクティビティを確認する 122

CONTENTS

Section 39 アクティビティを共有する …… 124
Section 40 ワークアウトアプリを利用する …… 126
Section 41 ワークアウトの表示を設定する …… 128
Section 42 ワークアウトのゴールを設定する …… 131
Section 43 ワークアウト中のバッテリー消費を抑える …… 133
Section 44 ワークアウトの結果を見る …… 134
Section 45 iPhoneでバッジを確認する …… 137
Section 46 コンパスを利用する …… 139

Chapter 6 健康を管理する

Section 47 ヘルスケアアプリを利用する …… 144
Section 48 心電図を利用する …… 146
Section 49 血中酸素濃度を測定する …… 148
Section 50 マインドフルネスを実践する …… 150
Section 51 心の健康を管理する …… 152
Section 52 日光を浴びた時間を管理する …… 154
Section 53 心拍数を測定する …… 155
Section 54 周期記録を利用する …… 157
Section 55 睡眠を管理する …… 160
Section 56 服薬を管理する …… 163
Section 57 周囲の騒音を測定する …… 165
Section 58 不慮の転倒や事故に備える …… 167
Section 59 緊急連絡先を登録する …… 170
Section 60 メディカルIDを設定する …… 171

Chapter 7
標準アプリを利用する

Section 61 カレンダーを利用する 174
Section 62 リマインダーを利用する 175
Section 63 ボイスメモを利用する 177
Section 64 マップを利用する 178
Section 65 Bluetoothイヤフォンを利用する 184
Section 66 iPhoneの音楽を操作する 186
Section 67 Apple Watchの音楽を再生する 188
Section 68 写真を見る 192

Chapter 8
Apple Watch をもっと便利に使う

Section 69 アプリをインストールする 196
Section 70 アプリを削除する／非表示にする 200
Section 71 LINEを利用する 204
Section 72 集中モードで通知を停止する 205
Section 73 Siriを利用する 208
Section 74 ショートカットを作る 209
Section 75 iPhoneの画面に写して操作する 212
Section 76 家族や子どものApple Watchを管理する 214

Chapter 9
Apple Watch の設定を変更する

Section 77 Apple Watchを設定する 218
Section 78 ホーム画面を設定する 221

CONTENTS

Section 79 常時表示の設定を変更する ……… 222
Section 80 AssistiveTouchを利用する ……… 224
Section 81 パスコードを設定する ……… 227
Section 82 Apple WatchでiPhoneのロックを解除する ……… 229
Section 83 iPhoneからApple Watchを探す ……… 231
Section 84 初期化する ……… 234
Section 85 バックアップから復元する ……… 236
Section 86 アップデートする ……… 237

ご注意：ご購入・ご利用の前に必ずお読みください

●本書に記載した内容は、情報の提供のみを目的としています。したがって、本書を用いた運用は、必ずお客様自身の責任と判断によって行ってください。これらの情報の運用の結果について、技術評論社および著者、アプリの開発者はいかなる責任も負いません。

●ソフトウェアに関する記述は、特に断りのない限り、2023年10月現在での最新バージョンwatchOS 10をもとにしています。watchOS 10以前のバージョンには対応していません。また、ソフトウェアはバージョンアップされる場合があり、本書での説明とは機能内容や画面図などが異なってしまうこともあり得ます。あらかじめご了承ください。

●本書は以下の環境で動作を確認しています。ご利用時には、一部内容が異なることがあります。あらかじめご了承ください。
Apple Watch：Apple Watch Series 9（45mm）、watchOS 10
Apple Watch Ultra 2（49mm）、watchOS 10
iPhone：iOS 17

●インターネットの情報については、URLや画面などが変更されている可能性があります。ご注意ください。

●本書ではSE（第2世代）をSE2と表記している箇所があります。

以上の注意事項をご承諾いただいたうえで、本書をご利用願います。これらの注意事項をお読みいただかずに、お問い合わせいただいても、技術評論社は対処しかねます。あらかじめ、ご承知おきください。

■本書に掲載した会社名、プログラム名、システム名などは、米国およびその他の国における登録商標または商標です。本文中では、™、®マークは明記していません。

Apple Watchの
キホン

Section 01　Apple Watch とは
Section 02　Apple Watchを充電する
Section 03　iPhoneとペアリングする
Section 04　初期設定を行う
Section 05　Apple Watchの画面
Section 06　Apple Watchを操作する
Section 07　スマートスタックを利用する
Section 08　コントロールセンターを利用する
Section 09　通知を確認する

Apple Watchとは

Apple Watch Series9が新しく発表され、2023年10月現在、公式サイトではSeries9、SE（第2世代）、Ultra2の3種類が販売されています。ここでは、Apple Watchの各モデルのスペックや機能を紹介します。

1 Apple Watchとは

2023年9月に、watchOS10を搭載したApple Watch Series9、Ultra2が発表されました。Series9には、S9 SiP 64ビットコアプロセッサが内蔵され、全体的なパフォーマンスや機能の強化がされています。ダブルタップといった新しいジェスチャーでのすばやい操作が可能になったほか、Siriの反応速度も向上し、これまで以上に使い勝手のよいモデルになっています。また、ディスプレイが過去最大の明るさとなり、太陽の下でもくっきりと見やすくなりました。
さらに、Appleでは初めて脱炭素への取り組みとして、Series9、SE（第2世代）、Ultra2でカーボンニュートラルなケースとバンドの組み合わせを選べるようになりました。クリーンな製造技術と再生可能な素材を使用し、2030年にはAppleすべての製品をカーボンニュートラルにする目標を掲げています。

Series9、SE（第2世代）、Ultra2の違い

2023年10月時点で販売されているApple Watchには、Series9、SE（第2世代）、Ultra2の3種類があります。Series9/SEにはGPS+CellularモデルとGPSモデルがありますが、Ultra2にはGPS+Cellularモデルしかありません。Series9は最新機能をすべて搭載した機種、SE（第2世代）は皮膚温センサーや常時表示ディスプレイなどを省き、お手頃な価格で販売されている機種、Ultra2は従来のApple Watchよりもハード面の強化や高精度の機能を搭載した上位機種です。

●各モデルのスペック

	Series9		SE（第2世代）		Ultra2
モデル	GPS+Cellularモデル	GPSモデル	GPS+Cellularモデル	GPSモデル	GPS+Cellularモデル
チップ	S9 SiP 64ビットデュアルコアプロセッサ		S8 SiP 64ビットデュアルコアプロセッサ		S9 SiP 64ビットデュアルコアプロセッサ
	W3 Appleワイヤレスチップ				
	U2第2世代 超広帯域		－		U2第2世代 超広帯域
特長	血中酸素ウェルネスセンサー		－		血中酸素ウェルネスセンサー
	電気心拍センサー		－		電気心拍センサー
	第3世代光学式心拍センサー		第2世代光学式心拍センサー		第3世代光学式心拍センサー
	皮膚温センサー		－		皮膚温センサー
	L1GPS				高精度2周波GPS（L1とL5）
	50メートルの耐水性能				100メートルの耐水性能
	－		－		水深計と水温センサー
	ダブルタップのジェスチャー		－		ダブルタップのジェスチャー
	転倒検出と衝突事故検出				
バッテリー駆動時間	最大18時間（低電力モードで最大36時間）		最大18時間		最大36時間（低電力モードで最大72時間）
容量	64GB		32GB		64GB
通信方式	Wi-Fi（802.11b/g/n 2.4GHz、5GHz）		Wi-Fi（802.11b/g/n 2.4GHz）		Wi-Fi（802.11b/g/n 2.4GHz、5GHz）
	Bluetooth 5.3				
	LTE、UMTS	－	LTE、UMTS	－	LTE、UMTS
Apple Pay	登録したクレジットカードによる、実店舗およびApple Payに対応したApple Watchアプリ内での購入				
	交通系ICカードによる、交通機関の利用やショッピングの支払い				
ディスプレイ	第3世代の感圧タッチ対応LTPO OLED常時表示Retinaディスプレイ（最大2,000ニト）		第2世代の感圧タッチ対応LTPO OLED Retinaディスプレイ（最大1,000ニト）常時表示非対応		第3世代の感圧タッチ対応LTPO OLED常時表示Retinaディスプレイ（最大3,000ニト）

サイズ

Apple Watch Series9には、41㎜と45㎜の2種類の大きさが用意されています。基本的な性能に違いはありませんが、画面上の表示箇所によっては、サイズの大きなモデルのほうがテキストが少しだけ大きく表示されます。
Apple Watch SE（第2世代）には40㎜と44㎜が、Ultra2には49㎜の大きさが用意されています。

			アルミニウム	ステンレススチール
Series9	41 mm	大きさ	縦41㎜×横35㎜×厚さ10.7㎜	
		ケース重量	31.9g（GPSモデル） 32.1g（GPS+Cellularモデル）	42.3g
	45 mm	大きさ	縦45㎜×横38㎜×厚さ10.7㎜	
		ケース重量	38.7g（GPSモデル） 39.0g（GPS+Cellularモデル）	51.5g

			アルミニウム
SE（第2世代）	40 mm	大きさ	縦40mm×横34mm×厚さ10.7mm
		ケース重量	26.4g（GPSモデル） 27.8g（GPS+Cellularモデル）
	44 mm	大きさ	縦44mm×横38mm×厚さ10.7mm
		ケース重量	32.9g（GPSモデル） 33.0g（GPS+Cellularモデル）

			チタニウム
Ultra2	49mm	大きさ	縦49mm×横44mm×厚さ14.4mm
		ケース重量	61.4g

バンド

Apple Watchは、各モデルによってケースとバンドが異なる組み合わせで販売されています。単体で販売されているアルパインループ、トレイルループ、オーシャンバンド、ソロループ、ブレイデッドソロループ、スポーツバンド、スポーツループ、レザーバンド、ステンレススチールバンドなどは過去のApple Watchすべてに共通で、ケースのサイズに合わせて好みのバンドに変更できます。
バンドを取り換える場合は、清潔な平面（マイクロファイバー製のクロスや柔らかいパッドの上など）に文字盤を下にして置き、バンド取り外しボタンを押しながら、バンドを横にスライドします。

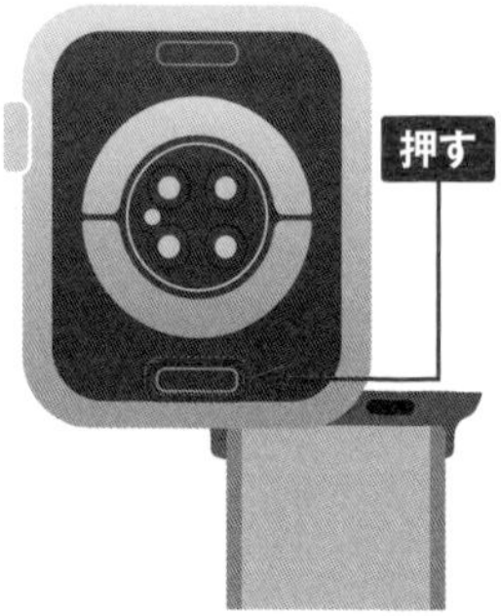

各部名称

Apple Watchは、本体側面のボタンやタッチディスプレイを利用して、各種操作を行います。それぞれシンプルな形状で操作も直感的に行えるように設計されています。

●Series9 ／SE（第2世代）

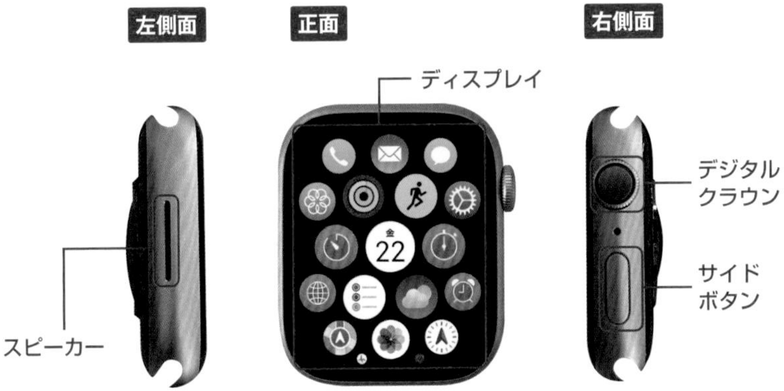

●Ultra2

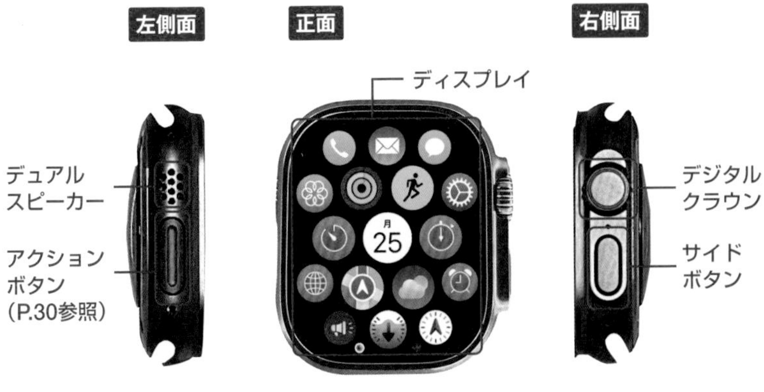

GPS+CellularモデルとGPSモデル

Apple Watchには、GPS+CellularモデルとGPSモデルの2種類があります。GPS+CellularモデルはeSIMを内蔵していて、キャリアやMVNOサービスと契約することでモバイル通信に接続できます。iPhoneが近くにない場合でも、単体でiPhoneと同じ電話番号での通話や、ネットワークを利用するアプリや機能を利用することができます（P.21MEMO参照）。また、国際ローミングにも対応し、現在世界30以上のキャリアで利用できます。
GPS+Cellularモデルは、iPhoneを持ち歩きたくないとき、とくにランニングやスポーツなどをするときに便利です。また、iPhoneを忘れてしまったり、紛失したりした場合でも、非常時に緊急連絡できるのが大きなメリットです。
逆にiPhoneをいつも持ち歩くのであれば、Apple Watchは常にiPhoneと接続されているので、GPS+CellularモデルとGPSモデルの利便性に違いはありません。

Apple Watchの通信の種類

Apple Watchは、ペアリングしたiPhone、以前にiPhoneが接続したWi-Fiスポット、モバイル通信から、自動的に最適なネットワークを選択して接続します。接続状況はコントロールセンターで確認できます。

1. サイドボタンを押してコントロールセンターを表示し、上部のアイコングループをタップします。

2. 接続状況を確認することができます。

●iPhoneに接続

iPhoneが近く（およそ10メートル以内）にある場合は、ペアリングしたiPhoneにBluetoothおよびWi-Fiで接続します。■のステータスアイコンが表示されます。

●Wi-Fiスポットに接続

iPhoneが近くになく、以前にiPhoneが接続したWi-Fiスポットが近くにある場合は、そのWi-Fiスポットに接続します。新しいWi-Fiスポットに手動で接続することもできます。■のステータスアイコンが表示されます。

●モバイル通信に接続（GPS+Cellularモデルのみ）

iPhoneもWi-Fiスポットも近くにない場合は、内蔵されたeSIMを利用してモバイル通信に接続します。GPS＋Cellularモデルのみの機能です。■のステータスアイコンが表示されます。

●接続なし

上記のどの通信とも接続していない場合は、■または■のステータスアイコンが表示されます。メールやiMessage、天気などのネットワークが必要なアプリや機能は利用できません。ワークアウトのトラッキング、Apple Pay、ダウンロードした音楽の再生などは利用できます。

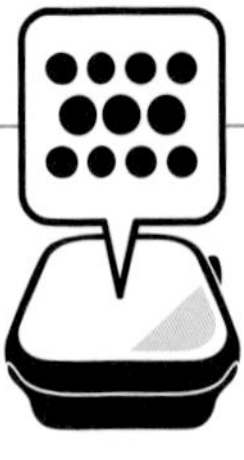

Apple Watchを充電する

Apple Watchは付属の充電ケーブルを使用して、こまめに充電するようにしましょう。なお、バッテリーの消費量は利用法によって異なります。

1 Apple Watchを充電する

Apple Watchを充電するには、磁気充電ケーブルを電源アダプタに差し込み、電源アダプタをコンセントに差し込みます。右の図のように本体の裏面に磁気充電ケーブルの凹んでいる面をくっつけると、チャイム音が鳴り、充電が始まります。Series7以降とUltra/Ultra2は同梱の「Apple Watch磁気高速充電 - USB-Cケーブル」と、5W以上のPD対応充電アダプタによる高速充電に対応しています。

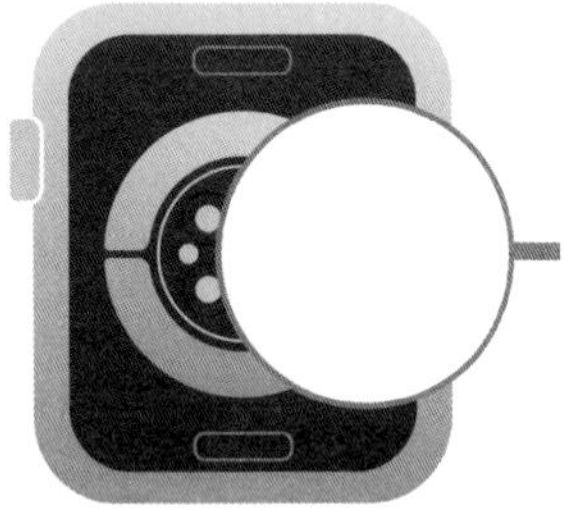

MEMO バッテリーの消費量と利用可能時間

Apple Watchは、使う機能や時間によって、バッテリーの消費量が異なります。また、GPSやLTEを使用していると、右の表よりも多くのバッテリーを消費します。基本的には常に身に着けているものなので、1日の終わりには必ず充電器に接続し、翌日に備えるようにしましょう。なお、Series9を0%から80%まで充電するのに約45分、100%までの充電に約75分かかります。

●Series9の利用可能時間

1日のバッテリー駆動時間※	最大18時間
オーディオ再生	最大11時間
連続通話時間	最大1.5時間
ワークアウト	最大11時間

※1日のバッテリー駆動時間は、18時間の間に90回の通知、90回の時刻チェック、45分間のアプリケーション使用、Apple WatchからBluetooth経由で音楽再生をしながら60分間のワークアウトを実施した場合にもとづいた、Appleによるテスト結果です。

バッテリーの状態を確認する

Apple Watchには、バッテリーの劣化を軽減し、寿命を延ばす機能があります。「充電上限の最適化」機能は、毎日の利用状況から、最適だと判断された上限量まで充電すべきときと、フル充電すべきときとを判断して充電が行われ、フル充電されたままの時間を極力短くします。Series9とUltra/Ultra2では、「充電上限の最適化」機能を「設定」アプリから確認することできます。
なお、Series4 ~ 8/SE/SE2は、手順④の画面で「低電力モード」機能もしくは「バッテリー充電の最適化」機能の確認が行えます。

① P.25を参考に「設定」アプリを起動して[バッテリー]をタップします。

② バッテリーの残量と利用状況がわかります。

③ 画面を上方向にスワイプして、[バッテリーの状態]をタップします。

④ 「充電上限の最適化」がになっているか確認します。

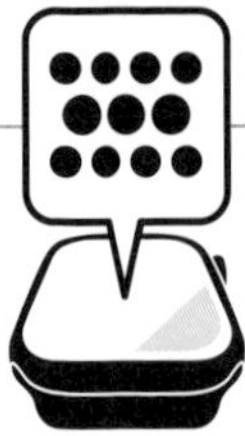

iPhoneと ペアリングする

Apple Watchは、iPhoneとペアリングすることによって初めて利用することができます。購入したらまずは、iPhoneの「Watch」アプリからペアリングを行いましょう。

1 iPhoneとApple Watchをペアリングする

① Apple Watchのサイドボタンを長押しして電源をオンにします。初回起動時は各言語で「iPhoneをApple Watchに近づけてください」と表示されるので、iPhoneで手順②以降の操作をしていきます。

② iPhoneのホーム画面で[Watch]をタップ、または[続ける]をタップして、[Watch]アプリを起動します。

MEMO 事前にiPhoneをアップデートする

watchOS10を搭載したApple Watchを使うには、iOS17以降を搭載したiPhoneXS以降とペアリングする必要があります。Apple WatchとペアリングしたいiPhoneがまだiOS16以前の場合は、Apple Watchとのペアリングを行う前に、iPhoneをアップデートしましょう。アップデートするには、iPhoneのホーム画面で［設定］→［一般］→［ソフトウェアアップデート］の順にタップします。

③ 通知の許可画面が表示された場合は［許可］をタップし、［ペアリングを開始］をタップします。

④ ［自分用に設定］をタップします。

⑤ Apple Watchのディスプレイ部分が、iPhoneのファインダーに写るようにします。

⑥ ペアリングが完了しました。

MEMO カメラの読み込みがうまくいかない場合は？

手順⑤で、カメラの読み込みが正常に行われない場合は、［手動でペアリング］をタップし、表示されるデバイス名をタップします。Apple Watchの i をタップすると、コード番号が表示されるので、それをiPhoneの画面で入力します。

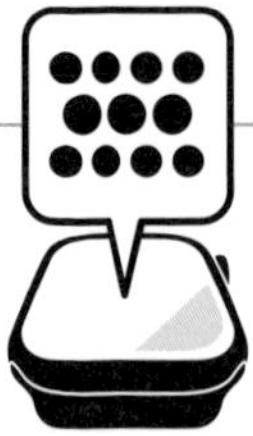

初期設定を行う

Apple WatchとiPhoneをペアリングすると、iPhoneに初期設定画面が表示されます。GPS+Cellularモデルの場合、初期設定中にモバイル通信設定の画面が表示されます。

1 Apple Watchを設定する

① iPhoneの「Apple Watchのペアリングが完了しました」画面で、[Apple Watchを設定]をタップします。

② Apple Watchを装着する腕を選択します。[左]もしくは[右]をタップし、[続ける]をタップします。

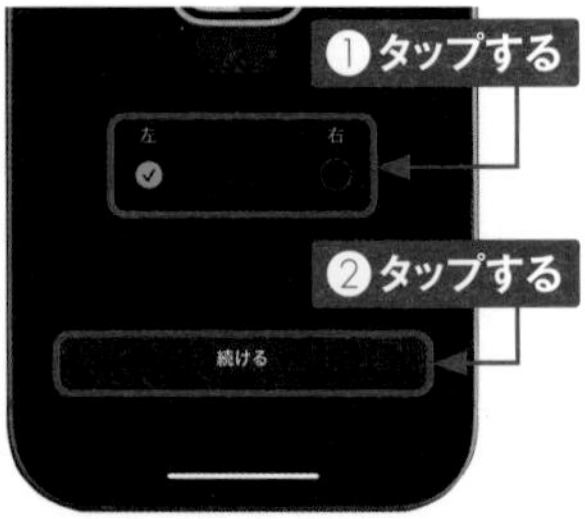

③ 「利用規約」画面が表示されます。内容を確認し、画面右下の[同意する]をタップします。

④ 「Apple ID」画面が表示されます。[パスワードを入力]をタップしてパスワードを入力し、[サインイン]をタップします。

⑤ 「解析」画面が表示されます。[Appleと共有]もしくは[共有しない]をタップします。

⑥ 「Apple Watchのパスコード」画面が表示されます。[パスコードを追加しない]→[パスコードを使用しない]の順にタップします。パスコードを設定する場合は[パスコードを作成]をタップし、画面に従って設定します(Sec.81参照)。

⑦ 「位置情報差サービス」画面が表示されます。[位置情報差サービスをオンにする]もしくは[位置情報サービスをオフにする]をタップします。

⑧ 「文字の太さとサイズ」画面が表示されます。好みのスタイルに設定し、[続ける]をタップします。

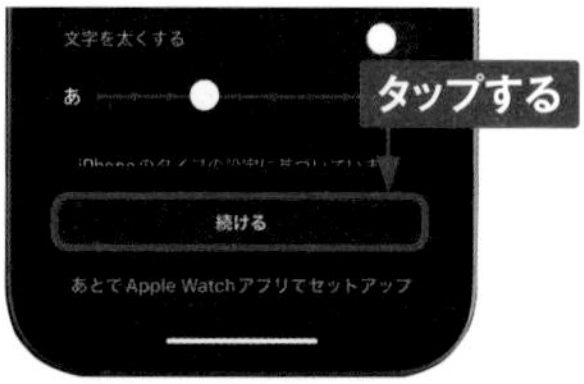

⑨ 「Siri」画面が表示されます。[Siriを使用]もしくは[Siriを使用しない]をタップします。

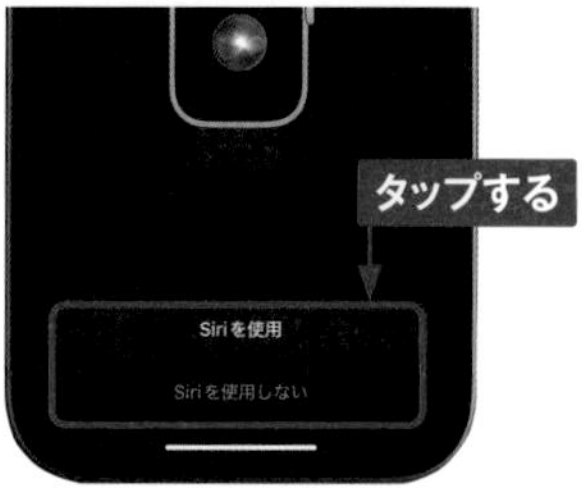

⑩ 「"フィットネス"と"ヘルスケア"をパーソナライズ」画面が表示されます。生年月日や性別、身長などの情報を設定し、[続ける]をタップします。

11 「アクティビティ」画面が表示されます。[この手順をスキップ] をタップするか、設定する場合は [“アクティビティ”を設定] をタップして設定します (Sec.35参照)。

12 「ワークアウト経路追跡」画面が表示されます。[経路追跡を有効にする]をタップします。

13 「ヘルスケアに関する通知を受信」画面が表示されます。[続ける] をタップします。

14 「安全性」画面が表示されます。[続ける]をタップします。

15 GPS+Cellularモデルでは「モバイル通信設定」画面が表示されます。[今はしない] をタップするか、設定する場合は [モバイル通信を設定] をタップし、MEMOを参考に設定します。

⑯ 「ダブルタップ」画面が表示されます。[続ける]をタップします。

⑰ 同期が完了すると、「ようこそApple Watchへ」画面が表示されます。[OK]をタップします。

MEMO

モバイル通信の設定を行う

Apple WatchのGPS+Cellularモデルは、iPhoneと同じキャリアのモバイル通信プランを契約することで、Apple Watch単体での通話や通信ができるようになります。キャリアと契約するには、手順⑮で［モバイル通信を設定］をタップして設定する方法と、iPhoneのホーム画面で「Watch」アプリを起動し、[マイウォッチ］→［モバイル通信］→［モバイル通信を設定］の順にタップして設定する方法があります。なお、日本国内でモバイル通信プランを利用できるキャリアは、2023年10月時点ではNTTドコモ、au、ソフトバンク、楽天モバイルです。各キャリアショップでも契約可能です。

キャリア	サービス名	使用料金（月額）
NTTドコモ	ワンナンバーサービス	550円（税込）
au	ナンバーシェアサービス	385円（税込）
ソフトバンク	Apple Watchモバイル通信サービス	385円（税込）
楽天モバイル	電話番号シェアサービス	550円（税込）

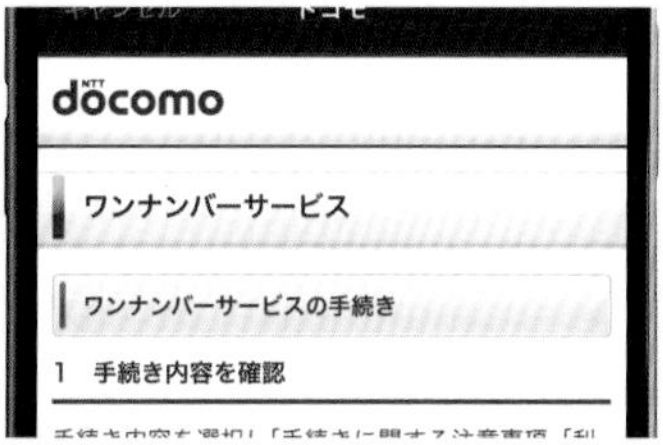

Section 05　Watch function

Apple Watchの画面

Apple Watchの基本画面には、時計として利用する「文字盤」画面と、アプリを利用するときに表示する「ホーム画面」があります。文字盤には通知やモードなどのステータスアイコンが表示されます。

1 Apple Watchの基本画面

●文字盤

Apple Watchの文字盤です。デジタル／アナログ表示の文字盤や、キャラクターを用いたユニークな文字盤など、多彩なデザインの文字盤が用意されているので、その日の気分に合わせて変えることができます。また、文字盤のカラーやスタイルを変えられるだけでなく、アラームや天気、その日のスケジュールなどのコンプリケーションを表示させることができます（Sec.11参照）。

●ホーム画面

文字盤が表示された状態でデジタルクラウンを押すと、ホーム画面に切り替わります。ホーム画面には、標準アプリやインストールしたアプリが丸いアイコンで表示され、タップするとアプリを起動できます。アイコンの位置を並び替えたり、リスト表示にしたりすることもできます（P.221参照）。

文字盤の見方

文字盤には現在の時刻のほかに、日付やその日の予定などのコンプリケーションを表示させることができます（Sec.11参照）。Apple Watchの状態や接続状況は、画面上部のステータスアイコンで確認することができます（下表参照）。

主なステータスアイコン			
	未読の通知がある状態です（Sec.9参照）。		Apple Watchにパスコードロックがかかっている状態です（Sec.81参照）。
	Apple Watchとモバイル通信との接続が切れている状態です。		iPhoneとのペアリング接続が解除されている状態です。
	Apple Watchを充電している状態です。		Apple Watchのバッテリー残量が少なくなっている状態です。
	低電力モード：バッテリー消費を抑えることで駆動時間を延ばすことができます（P.37参照）。		シアターモード：腕を動かしたり通知があったりしても、画面をタップするかボタンを押すまでは画面が暗いままで、音も鳴りません。
	おやすみモード：電話や通知などで音が鳴ったり、ディスプレイが点灯したりしません。アラームのみ有効です（P.36参照）。		"睡眠" 集中モード：就寝前や就寝中に通知が鳴ったり、ディスプレイが点灯したりしません（P.160参照）。
	機内モード：ワイヤレス通信を利用しない機能のみ利用することができます（P.35参照）。		防水ロックがオンになっている状態です。防水ロック中は、タップしても画面が反応しません（P.38参照）。
	マイクがオンになっている状態です。		ワークアウトを使用している状態です（Chapter 5参照）。

Section 06 Watch function

Apple Watchを操作する

Apple Watchの画面は、上下左右へスワイプしたり、デジタルクラウンやサイドボタンを押したりして切り替えることができます。ホーム画面にはさまざまなアプリが表示されています。

1 手首の上げ下げと常時表示

Apple Watchは、ディスプレイが常に点灯しているので、必要な情報をすぐに確認することができます。装着している手首を下げているときには、暗い画面でバッテリーの消費を抑えつつ、時刻など最低限の情報を表示します。手首を上げたり画面をタップしたりすると、明るい画面ですべての情報を表示します。常時表示の設定を変更する方法は、Sec.79を参照してください。
Series4以前とSE/SE2は常時表示に対応していません。手首を下げた状態ではスリープ状態になり、ディスプレイが消灯します。

手首を上げるか、画面をタップする

「設定」アプリを起動する

① 文字盤を表示した状態で、デジタルクラウンを押します。

② ホーム画面に切り替わります。⚙をタップします。

③ 「設定」アプリが起動します。

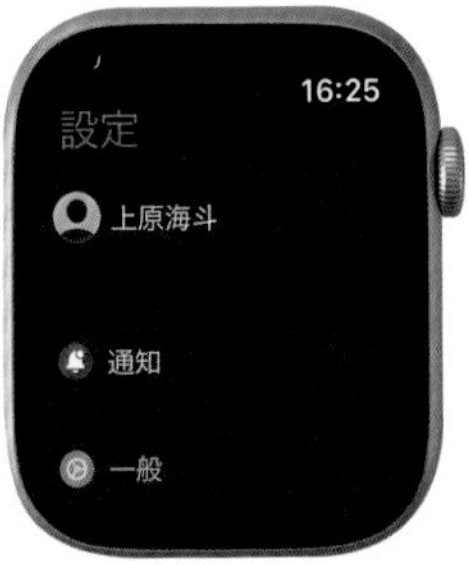

アプリの履歴を表示する

① デジタルクラウンを2回押します。

② アプリの履歴が表示されます。

③ アプリを選んでタップすると、そのアプリが起動します。

ダブルタップで操作する

Series9とUltra2はダブルタップでの操作に対応しています。手首に装着した状態で、親指と人差し指を2回トントンとダブルタップすることで、画面をタップすることなく、対応アプリのメイン操作を行うことができます。片手でかんたんに操作できるので、手がふさがっているときなどに役立ちます。なお、AssistiveTouch（Sec.80参照）をオンにするには、ダブルタップをオフにする必要があります。

●設定を確認する

ホーム画面で⚙→［ジェスチャ］→［ダブルタップ］の順にタップし「ダブルタップ」の⚪をタップして⚪にして有効にします。左の画面を上方向にスワイプすると、スマートスタック起動時にウィジェットをスクロール、または選択するか、セッション中にメディアを再生、または一時停止するか、などダブルタップ時のアクションを選ぶこともできます。また、「設定」画面やホーム画面など、ダブルタップを使用できない画面もあります。

●ダブルタップでできること

スマートスタックを起動し、ウィジェットをスクロールする

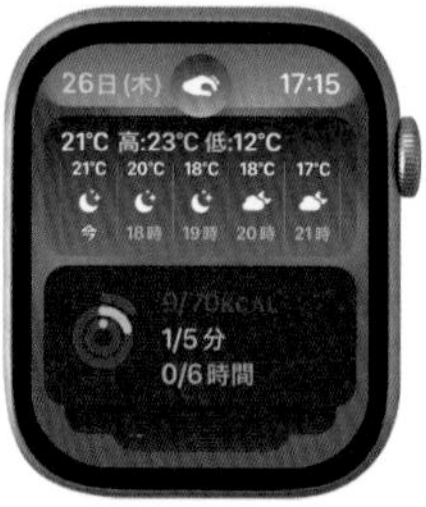

電話に出る／電話を切る

メッセージを表示し入力して送信する

・ストップウォッチアプリ：ストップウォッチを止める、再開する
・コンパスアプリ：新しい高度の表示に切り替える
・カメラアプリ：カメラリモートを使ってiPhoneで写真を撮る　など

キーボードを利用する

アプリなどでテキストの入力が必要な場面では、フリックキーボードで日本語、英字、数字、絵文字を、QWERTYキーボードでは、英字、数字、絵文字を入力することができます。また、音声入力やスクリブル（手書き入力:英字のみ）にも対応しています。※フリックキーボードは Series7以降とUltra/Ultra2でのみ利用可能

日本語フリックキーボード

日本語フリックキーボード画面で、［数］をタップすると数字を、［英］をタップすると英字入力ができます。😀をタップすると絵文字を入力できます。また、画面を上方向にスワイプすると、ほかのキーボードに切り替えられます。

QWERTYキーボード

音声入力

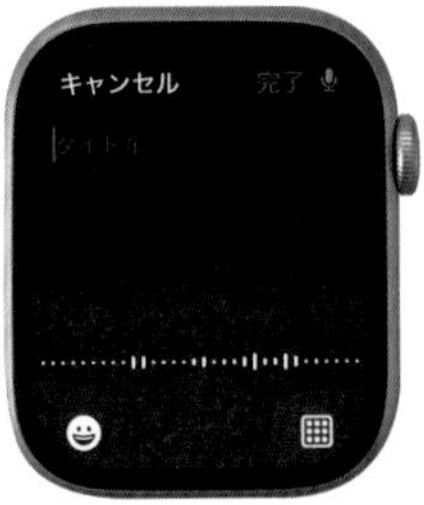

スクリブル

MEMO テキストをiPhoneのキーボードで入力する

テキスト入力は、iPhoneのキーボードで行うこともできます。Apple Watchで、テキストの入力欄をタップすると、iPhoneに「Apple Watch キーボード　キーボード入力」と表示されるので、タップして続行します。

Siriで操作する

Apple Watchの各操作やアプリの起動などは、Siriで行うこともできます。Siriの起動方法には、デジタルクラウンの長押し、手首を口元に持っていって話す、Hey Siriと話しかけるの3種類があります。たとえば、Siriを起動して、「マップ」とApple Watchに話しかけると、「マップ」アプリを起動できます。また、「○○に電話をかけて」のようにApple Watchに話しかけると、指定の相手に電話をかける画面をすぐに表示することができます。

電源をオフにする

① サイドボタンを2秒以上長押しして、⏻をタップします。

② [電源オフ]を右方向にスライドすると、電源がオフになります。

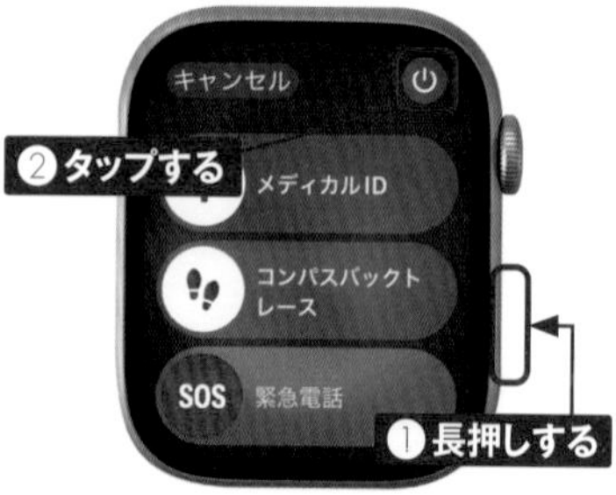

MEMO スライダ画面

手順①のスライダ画面からは、メディカルIDの提示（Sec.60参照）、コンパスバックトレースの開始（P.141参照）、緊急SOSの実行（Sec.59参照）を行うことができます。

画面の切り替え操作

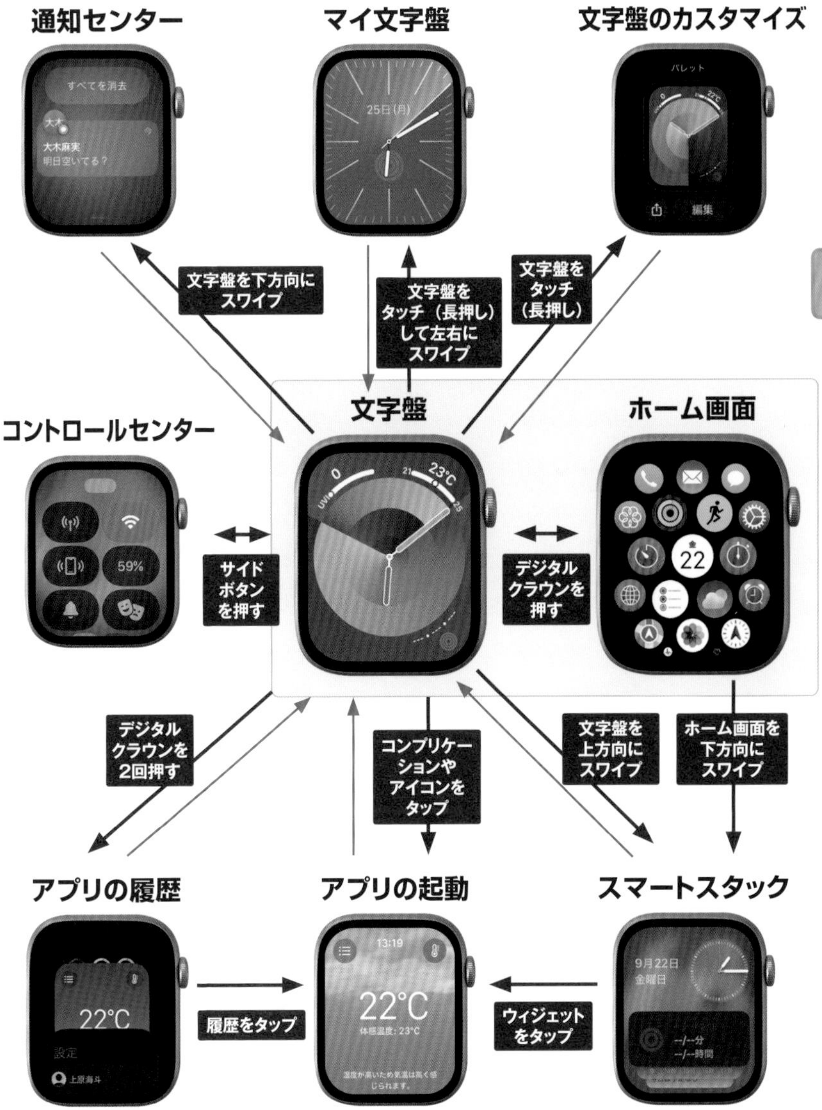

※ ←基本的に、デジタルクラウンを1回押すと文字盤に戻ります。
※コントロールセンター、Siri、Apple Payは、どの画面からでも起動できます。

1

MEMO Ultraのアクションボタンを利用する

Apple Watch Ultra/Ultra2には、アクションボタンが搭載されています。アクションボタンを押すと、割り当てた機能をすばやく実行することができます。アクションボタンに設定できる機能は「ワークアウト」「ストップウォッチ」「ウェイポイント」「バックトレース」「ダイビング」「フラッシュライト」「ショートカット」の7種類のほか、「なし」に設定することもできます。

●アクションボタンを設定する

1 ホーム画面で→［アクションボタン］→［アクション］の順にタップします。

2 アクションボタンに割り当てたい機能をタップしてチェックを付けます。

●アクションボタンを長押しする

Ultra/Ultra2のアクションボタンを長押しすると、スライダ画面が表示されサイレンを鳴動させることができます。
アクションボタンの長押しは無効にすることもできます。Ultra/Ultra2のホーム画面で→［アクションボタン］の順にタップし、「長押しでオンにする」のをタップしてにします。

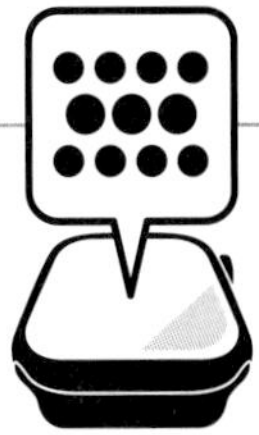

スマートスタックを利用する

スマートスタックは、時刻や現在地、ユーザーアクティビティなどの情報から、適切なタイミングで最も関連性の高いウィジェット（アプリの情報）を自動的に表示する機能です。

スマートスタックを表示する

① 文字盤を表示した状態で、画面を上方向にスワイプします。

② スマートスタックが表示されます。使いたいウィジェットをタップします。

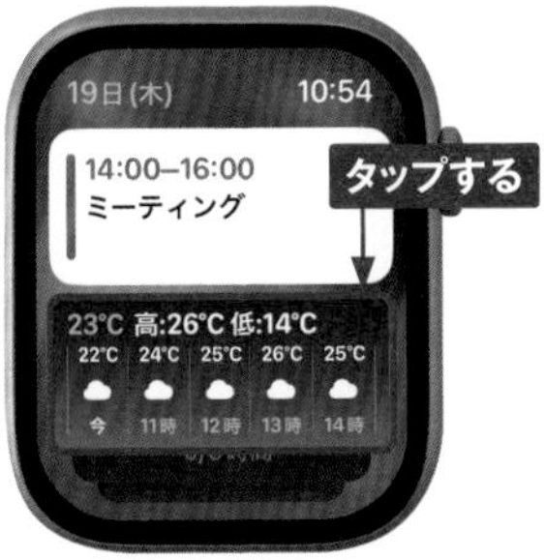

③ アプリが起動します。

MEMO スマートスタックの起動方法

文字盤を表示した状態で「デジタルクラウンを上方向に回す」ほか、ホーム画面を表示した状態で「画面を下方向にスワイプする」か「デジタルクラウンを下方向に回し続ける」ことでもスマートスタックを表示できます。デジタルクラウンを1回押すと文字盤に戻ります。

ウィジェットを追加する／削除する

1 P.31手順②の画面で、ウィジェットをタッチ（長押し）します。

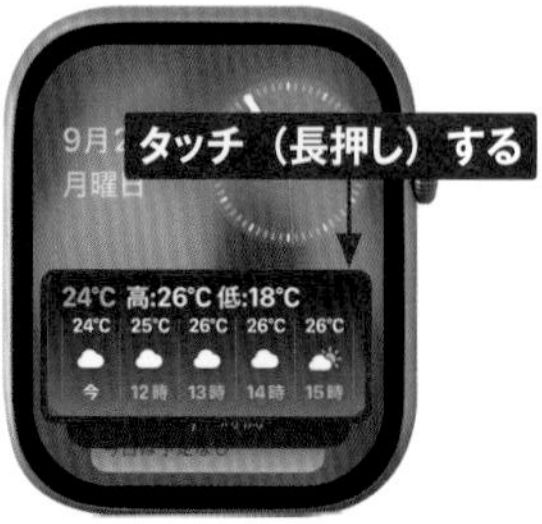

2 をタップします。

3 「おすすめ」または「すべてのアプリ」からアプリを選んでタップします。

4 ［完了］をタップすると、ウィジェットが追加されます。

5 ウィジェットを削除したい場合は、ウィジェットをタッチ（長押し）してをタップします。

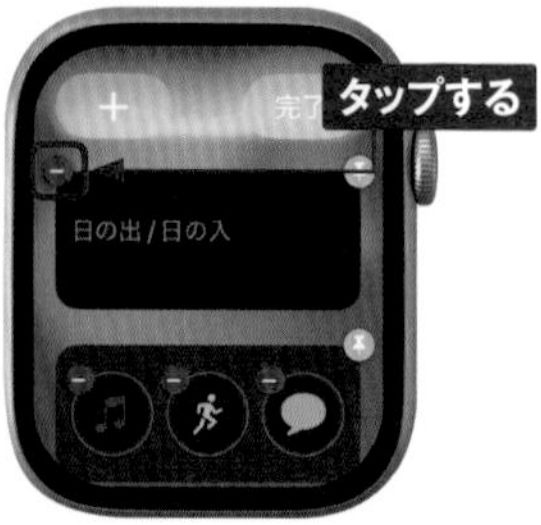

6 ウィジェットが削除されます。［完了］をタップすると手順①の画面に戻ります。

1

ウィジェットをカスタマイズする

●ウィジェットを最上部に固定する

1. P.31手順②の画面でウィジェットをタッチ（長押し）します。

2. 最上部に固定したいウィジェットの をタップし、[完了]をタップします。

3. スマートスタック内の最上部に固定することができます。

●ウィジェットの表示形式を変更する

1. 左の手順②の画面で表示形式を変更したいウィジェットをタップします。

2. 任意の表示形式を選んでタップします。

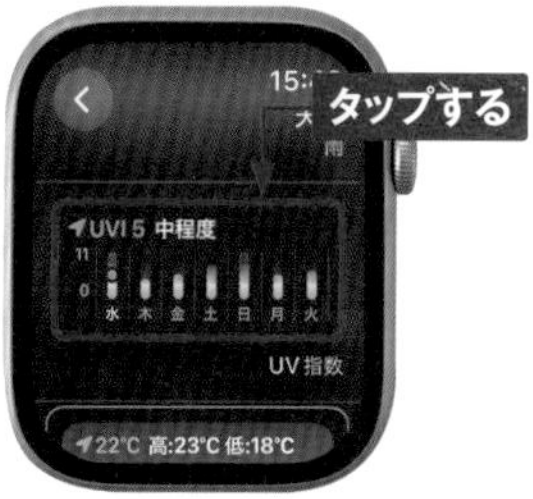

3. 表示形式が変更されます。

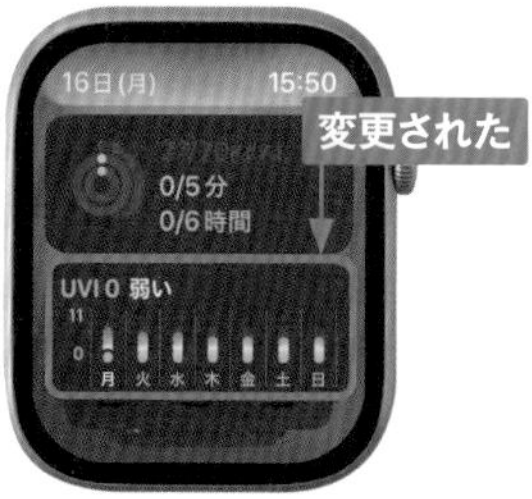

Section 08　Watch function

コントロールセンターを利用する

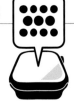

コントロールセンターのボタンで、バッテリー残量、通信状況、機内モード、おやすみモードなど、Apple Watchの状態を確認することができます。また、ボタンをタップして、設定を変更したりすることができます。一部の設定は、ステータスアイコンからも確認できます。

1 コントロールセンターを利用する

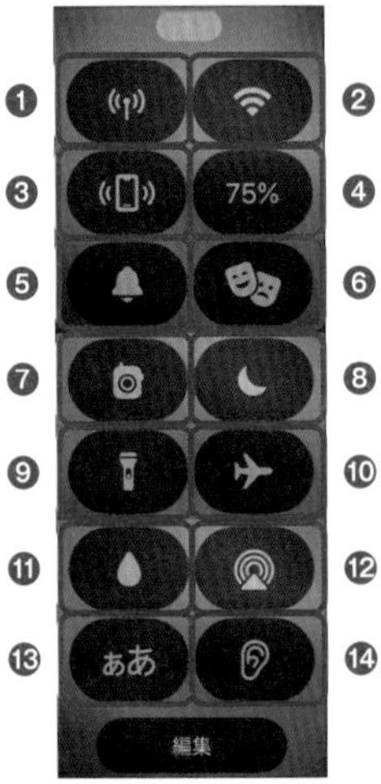

❶タップするとモバイル通信のオン／オフが切り替わります（GPS+Cellularモデルのみ）。

❷Wi-Fiと接続すると青色になります。タップするとWi-Fiが解除されます。

❸タップするとiPhoneからアラーム音が鳴ります。

❹バッテリー残量を表示します。

❺タップすると消音モードになり、アラーム音を含むすべての音が消えます。

❻タップするとシアターモードになり、再び画面をタップするか、ボタンを押すまでは、画面が暗いままになり音も鳴らなくなります。

❼タップするとトランシーバーを利用できます（Sec.33参照）。

❽集中モードを選んで起動することができます（Sec.72参照）。

❾フラッシュライト。タップすると画面が白く点灯し、懐中電灯の代わりになります。

❿タップすると機内モードになります（P.35参照）。

⓫タップすると防水ロックがオンになります（P.38参照）。

⓬タップするとAirPlayを利用できます。

⓭タップするとテキストサイズを変更できます。

⓮タップするとヘッドフォンの音量を変更できます。

コントロールセンターを表示する

1 どの画面からでも、サイドボタンを押すと「コントロールセンター」画面が表示されます。

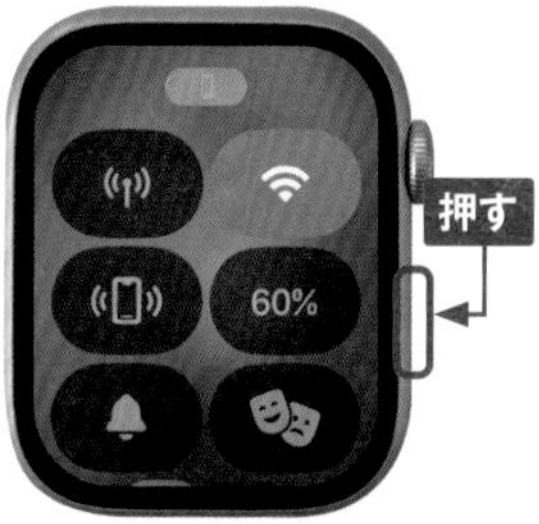

2 デジタルクラウンを回すか、画面を上下にスワイプすると、ほかのボタンが表示されます。

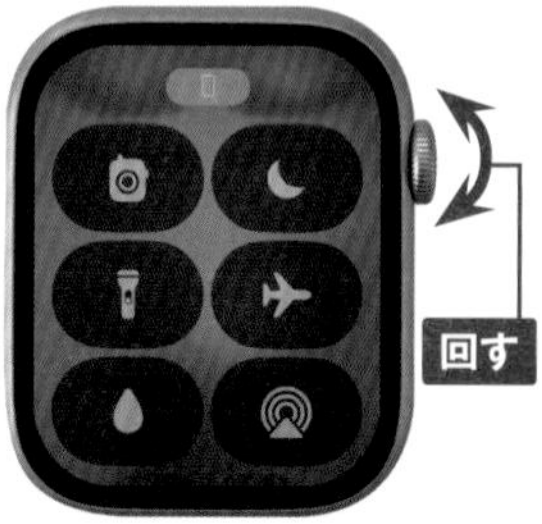

機内モードにする

機内モードを有効にすると、モバイル通信、Wi-Fiの通信がオフになります。

1 をタップしてオンにすると、機内モードが有効になります。

2 デジタルクラウンを押して文字盤に戻ると、ステータスアイコンにが表示されます。

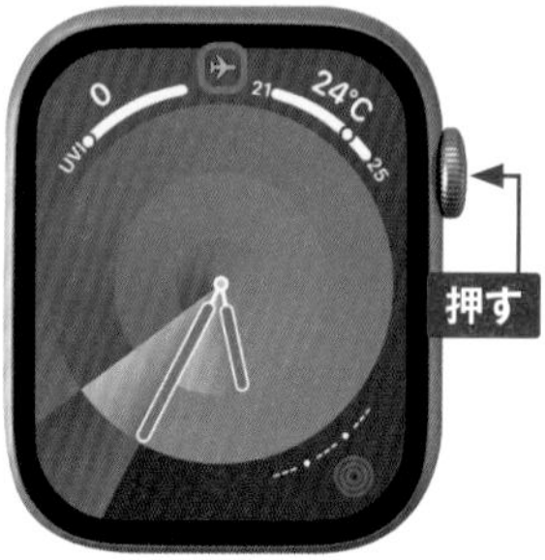

MEMO **機内モードをiPhoneと連動させる**

iPhoneで「Watch」アプリを起動して、[マイウォッチ] → [一般] → [機内モード] の順にタップします。「iPhoneを反映」のをタップしてにすると、iPhoneとApple Watchの機内モードが連動します。

おやすみモードにする

おやすみモードを起動すると、電話を受けたときやメールなどの通知が届いたときに、サウンドが鳴ったり画面が点灯したりしなくなります。ただし、設定したアラームは有効なので、就寝時に最適な設定です。集中モードを設定している場合（P.205参照）は、手順①の操作のあとで、ほかの集中モードも表示されます。

① コントロールセンターを表示し、をタップします。

② ［1時間オン］をタップします。

③ 1時間、おやすみモードが有効になります。

④ デジタルクラウンを押して文字盤に戻ると、ステータスアイコンにが表示されます。

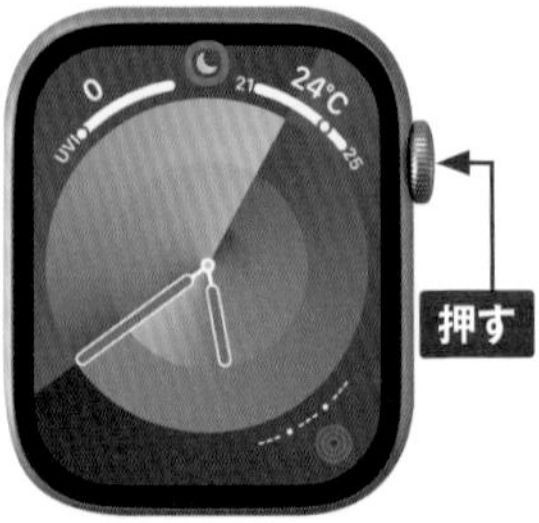

MEMO おやすみモードのオプション

手順②の画面で［オン］をタップすると、オフに切り替えるまで、おやすみモードがオンのままになります。［今日の夜までオン］をタップすると、午後7時まで自動的にオフになります。［ここを出発するまで］をタップすると、その場所を離れたあとで自動的にオフになります。

低電力モードにする

低電力モードをオンにすると、Apple Watch Series9では最大36時間、Ultra2では最大72時間、バッテリーの駆動時間を延ばすことができます。画面の常時表示をはじめ、バックグラウンドでの心拍数と血中酸素ウェルネスの測定や心拍数の通知がオフになります。ただし、一部のモバイル通信やWi-Fi接続が制限されることがあり、通知が遅延したり、緊急速報が届かなかったりする場合もあるので注意が必要です。
モバイル通信の場合、音楽をストリーミング再生するときやメッセージを送信するときなどは、低電力モードがオフになっています。なお、Apple Watchのバッテリーが80%まで充電されると、低電力モードは自動的にオフになります。

1 コントロールセンターを表示し、[バッテリー残量]をタップします。

2 [低電力モード]をタップします。

3 [オンにする]または[オンにする期間]をタップすると、低電力モードが有効になります。

4 デジタルクラウンを押して文字盤に戻ると、ステータスアイコンに◯が表示されます。

防水ロックを設定する

防水ロックは、Apple Watchを装着しながら浅い水深でワークアウトを行う場合に利用します。なお、Ultra以外は、スキューバダイビング、ウォータースキー、高速水流または低水深を超える潜水をともなうアクティビティには対応していません。

1 コントロールセンターを表示し、をタップすると、防水ロックが有効になります。

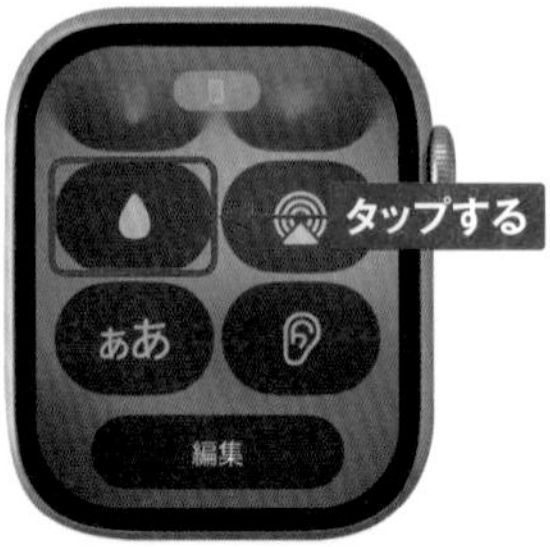

2 サイドボタンを押すと、「防水ロックをオフにするにはCrownを長押ししてください。」画面が表示されます。デジタルクラウンを長押しすると、排水されます。

コントロールセンターのボタンを並び替える

1 コントロールセンターを表示し、画面を上方向にスワイプして、[編集]をタップします。

2 ボタンが揺れ動きます。をタップすると削除、をタップすると追加できます。ボタンをドラッグすると並び替えることができます。

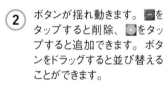

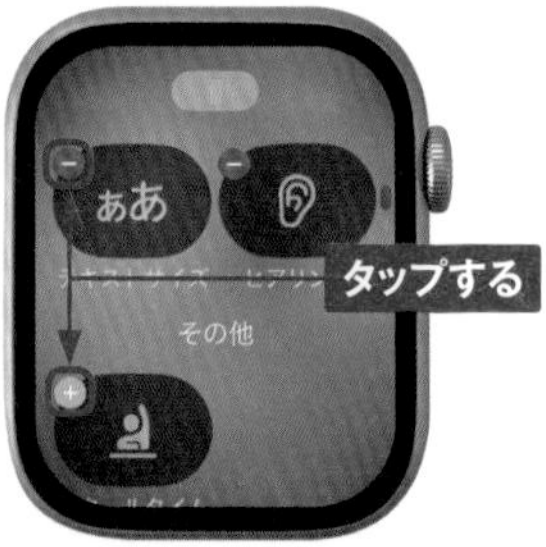

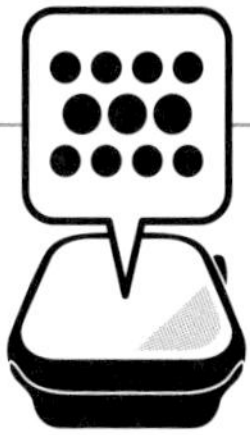

通知を確認する

Apple Watchで通知を受信したら、腕を上げると通知の概要が表示され、その数秒後に詳細が表示されます。通知を見逃した場合は通知センターで確認します。

Apple Watchで通知を確認する

Apple Watchでは、電話を着信したり、メールを受信したりすると、音と振動で通知されます。
通知は、Apple WatchまたはiPhoneどちらか一方に届くようになっていて、iPhoneがロックまたはスリープ状態が解除されているときにはiPhoneに通知が届きます。反対に、iPhoneがロックされていたりスリープ状態になったりしているときはApple Watchに通知が届きます。Apple Watchを腕から外していて、ロックされている場合（Sec.81参照）は通知は届きません。
通知が届いたら、Apple Watchの画面を確認してみましょう。さらに詳細を確認したい場合は、通知をタップ、もしくはデジタルクラウンを回します。

iPhoneに通知が届く場合

・iPhoneがロックまたはスリープ状態が解除されている場合、iPhoneに通知が届く

Apple Watchに通知が届く場合

・iPhoneがロックまたはスリープ状態の場合、Apple Watchに通知が届く

腕に着けているとき

・パスコードの有無に関わらずApple Watchに通知が届く

腕から外しているとき

・パスコードでロックされている場合（Sec.81参照）、iPhoneに通知が届く
・パスコードでロックされていない場合、Apple Watchに通知が届く

見逃した通知を通知センターで確認する

1 新着通知があると、画面上部に通知のステータスアイコン●が表示されます。画面を下方向にスワイプします。

2 通知センターが表示されるので、通知をタップすると詳細を確認することができます。

通知音の振動の強さを変える

iPhoneのホーム画面で［Watch］をタップし、［マイウォッチ］→［サウンドと触覚］の順にタップします。「触覚による通知」がオンになっている場合は、音と振動で通知されます。なお、Apple Watchから変更することもできます（Sec.32参照）。

通知を停止する

通知を完全に停止したい場合は、集中モードをオンにします。特定のアプリや連絡先のみ通知を許可して、シーンに合わせたカスタマイズが可能です（Sec.72参照）。おやすみモード（P.36参照）は、就寝中の通知を停止できる機能です。

未読の通知を全て消去する

① 文字盤を表示し、画面を下方向にスワイプします。

② 通知センターが表示されるので、デジタルクラウンを上下に回す、または画面を下方向にスワイプします。

③ ［すべてを消去］をタップします。

通知センターからアプリの通知を停止する

① 左の手順②の画面で、停止したい通知を左方向にスワイプします。

② ･･･をタップします。×をタップすると通知を個別に消去できます。

③ ［オフに変更］をタップします。なお、アプリによって表示される通知の項目は異なります。

アプリごとに通知を設定する

Apple Watchに表示される通知は、初期状態ではペアリングしているiPhoneの通知設定が反映されます。一部のアプリでは、iPhoneとは別の設定にすることもできます。アプリによって設定できる項目は異なりますが、通知の有無、通知の音や振動、通知のくり返し、通知のグループ化などをカスタマイズできます。

1 iPhoneのホーム画面で[Watch]をタップし、[マイウォッチ]→[通知]の順にタップします。

2 画面を上方向にスワイプし、目的のアプリをタップします。

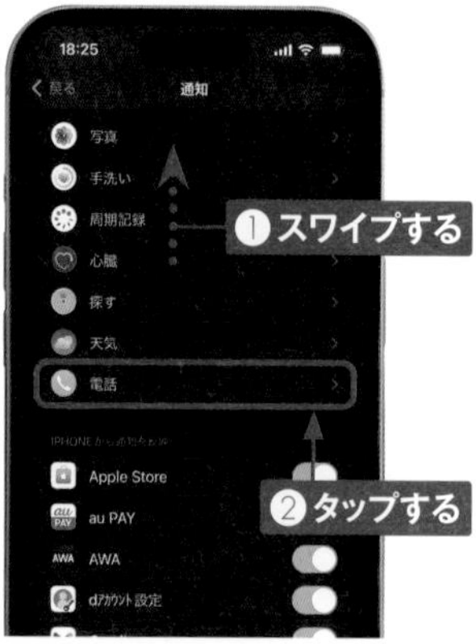

3 「iPhoneを反映」にチェックが付いていると、iPhoneでの設定内容がそのまま反映されます。[カスタム]をタップし、[通知オフ]をタップして☑にすると、iPhoneの通知がApple Watchには通知されなくなります。

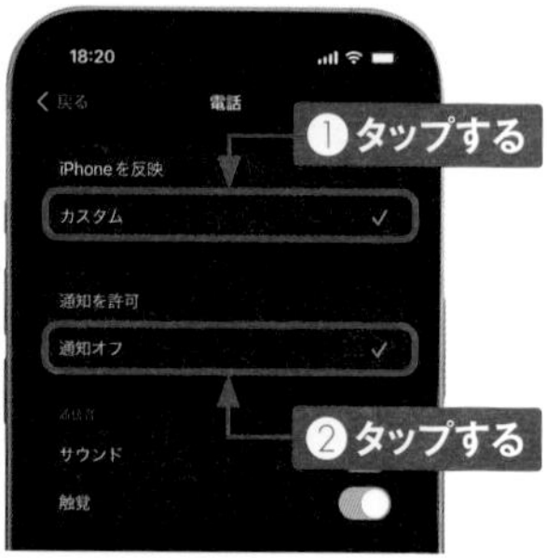

4 [カスタム]をタップし、[通知を許可]をタップすると、通知音や振動などをカスタマイズできます。

5 ［通知を許可］をタップすると、P.40と同様に通知が表示されます。

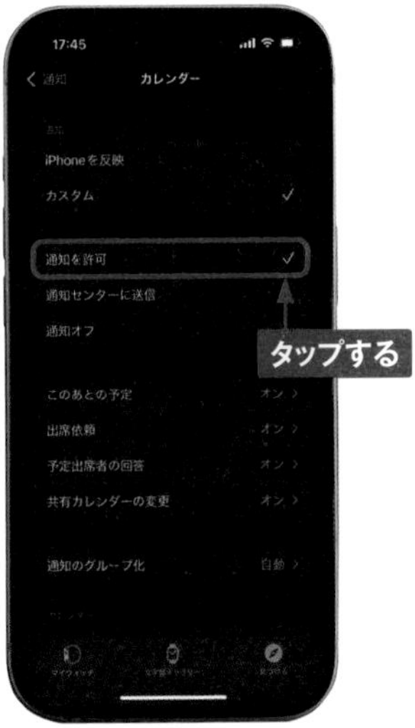

6 ［通知センターに送信］をタップすると、通知センターでのみ通知を確認できます。

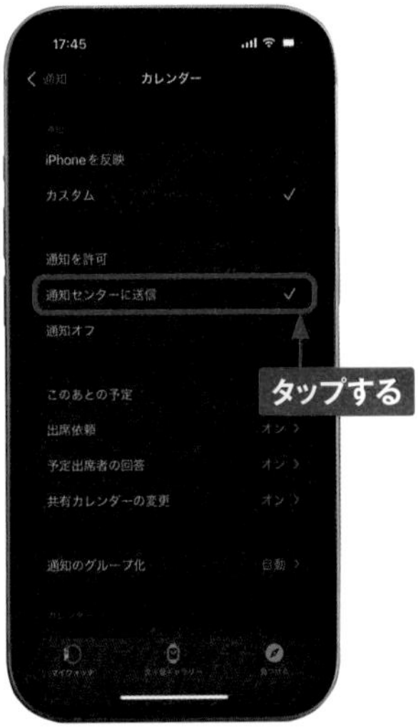

MEMO 緊急地震速報/災害・避難情報の通知を受け取る

iPhoneのホーム画面で［設定］をタップし、［通知］→［緊急速報］の順にタップします。「緊急速報」の をタップして にすると、Apple Watchでも緊急速報の通知を受け取ることができます。

通知をプライベートにする

Apple Watchの通知は、デフォルトでは通知の詳細内容が表示されます。メッセージの本文などを第三者に見られたくない場合は、通知をタップするまで詳細が表示されないように設定することができます。

1 iPhoneのホーム画面で［Watch］をタップし、［マイウォッチ］→［通知］の順にタップします。

2 画面を上方向にスワイプし、「タップして通知の詳細を表示」のをタップしてにします。

3 Apple Watchに通知が届いたら、通知をタップします。

4 通知の詳細内容が表示されます。

MEMO　ロック中に通知を表示しない

Apple Watchの画面がロックされているとき（Sec.81参照）には、通知を表示しないように設定することができます。手順②の画面で「ロック中に概要を表示」のをタップしてにすると、ロック画面に通知の概要が表示されなくなります。

Chapter
2

文字盤と時計機能を利用する

Section 10　文字盤を切り替える
Section 11　文字盤をカスタマイズする
Section 12　時計機能を利用する
Section 13　ストップウォッチを利用する

文字盤を切り替える

Apple Watchの文字盤には、多種多様なデザインが用意されており、好きなデザインにカスタマイズできます。カスタマイズした文字盤は、「マイ文字盤」のコレクションに登録されます。

「マイ文字盤」を変更する

① 文字盤をタッチ（長押し）し、画面を左右にスワイプします。

② 「マイ文字盤」のコレクションに登録されている文字盤が表示されます。

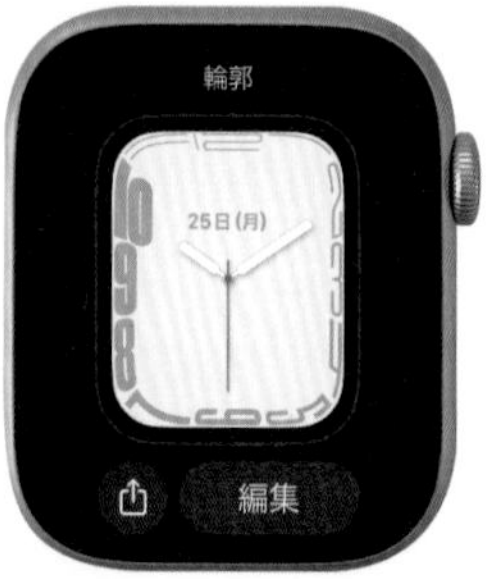

③ 文字盤をタップ、またはデジタルクラウンを押すと、文字盤が変更されます。

④ 文字盤によっては、画面をタップするとアニメーションが表示されます。

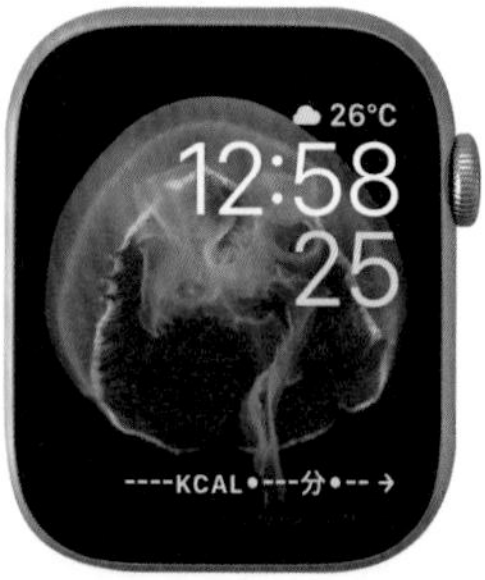

新しい文字盤を「マイ文字盤」のコレクションに追加する

Apple Watchには、多数の文字盤が用意されており、その日の気分やバンドのデザインに合わせて自由に変更できます。機種によって、利用できる文字盤の種類は異なります。「マイ文字盤」のコレクションとして保持できる文字盤は36個までで、P.46の手順でかんたんに切り替えることができます。
文字盤のデザインや、表示する情報の種類を組み替えることもできるので(Sec.11参照)、シーンや目的に応じた自分好みの文字盤を作成してみましょう。

1 文字盤をタッチ(長押し)し、画面を左方向に何度かスワイプします。

2 「新規」と表示のある画面で+をタップします。

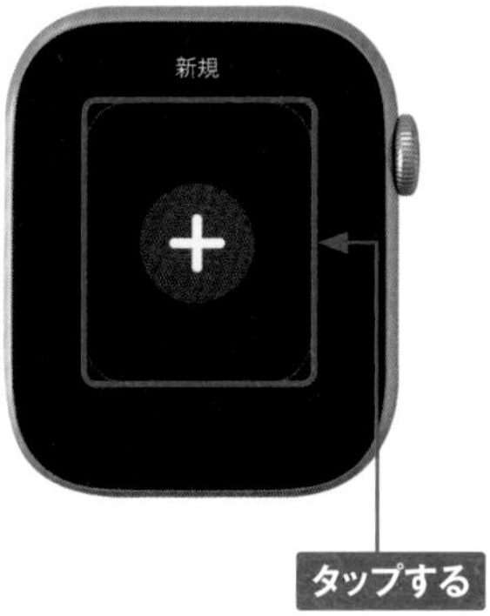

3 画面を上下にスワイプし、追加したい文字盤の[追加]をタップします。このとき、文字盤をカスタマイズすることもできます(Sec.11参照)。

4 デジタルクラウンを2回押すと、選択したデザインが文字盤に設定され、同時に「マイ文字盤」のコレクションにも追加されます。

「マイ文字盤」のコレクションから文字盤を削除する

① 文字盤を表示して、画面をタッチ（長押し）します。

② 画面を左右にスワイプし、削除したい文字盤のデザインを表示します。

③ 文字盤を上方向にスワイプします。

④ ［削除］をタップします。

⑤ 文字盤のデザインがマイ文字盤から削除されました。

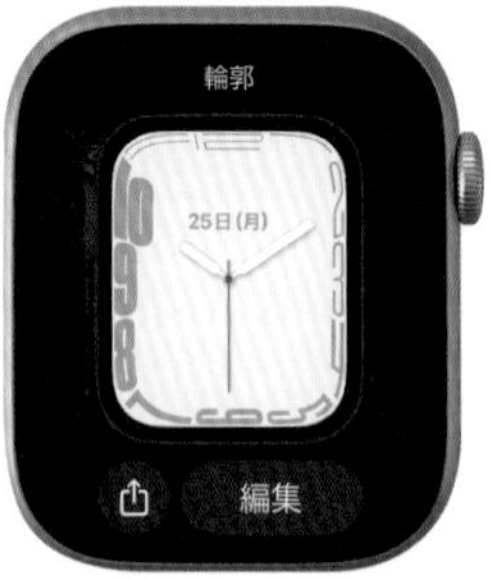

⑥ デジタルクラウンを押して文字盤に戻ります。

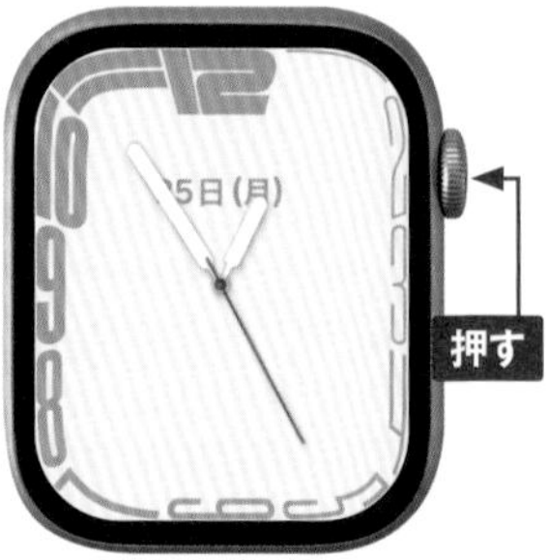

●文字盤の種類

パレット

スヌーピー

ソーラーアナログ

Nikeグローブ

メトロポリタン

アストロノミー

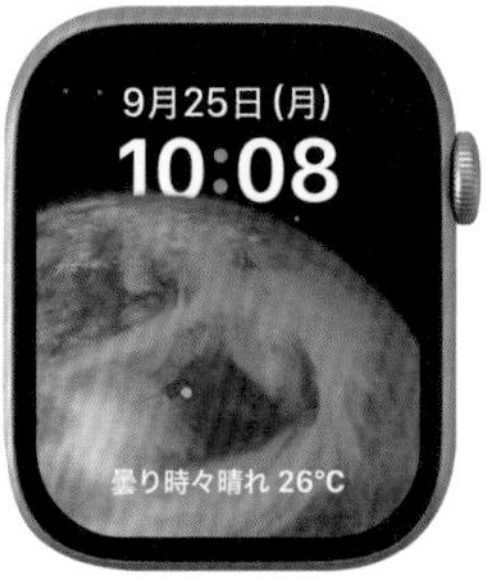

2

2

プレタイム

モジュラー

ルナー

GMT

アクティビティデジタル

インフォグラフ

輪郭(Series7以降/Ultra/Ultra2のみ)

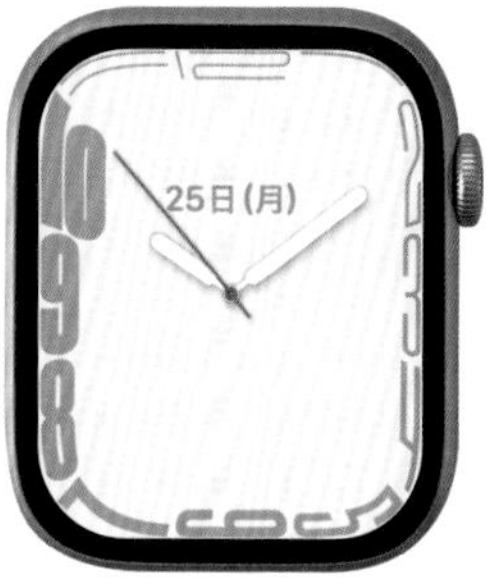

Nikeアナログ

モジュラー Ultra(Ultra/Ultra2のみ)

ウェイファインダー(Ultra/Ultra2のみ)

MEMO モジュラー Ultra/ウェイファインダーのナイトモード

モジュラー Ultraとウェイファインダーは、暗所でも視認しやすいように文字盤が赤くなるナイトモードに対応していて、暗い場所で自動的にオンになります。手動でナイトモードをオンにする場合は、文字盤をタッチ(長押し)し、[編集]をタップして、右方向に2回スワイプし、「夜間モード」でデジタルクラウンを上方向に2回回して「オン」に設定します。

Section 11 Watch face

文字盤をカスタマイズする

好みの文字盤を見つけたら、次は文字盤の色やデザインを細かく設定してみましょう。設定できる項目（カラー、スタイル、ダイヤル）など、選択した文字盤によって異なります。

文字盤の色を変更する

2

① 文字盤をタッチ（長押し）します。左右にスワイプして文字盤を選び、［編集］をタップします。

② 「カラー」の設定画面が表示されます。

③ デジタルクラウンを回して、色を選びます。

④ デジタルクラウンを2回押すと、文字盤の色が変更されます。

文字盤のデザインを変更する

① P.52手順②の画面で左方向にスワイプして「ライト」や「カラー」などのデザインの設定画面を表示します。

② デジタルクラウンを回してデザインを選びます。

③ 画面を右方向にスワイプしてデザインの設定画面を切り替えます。

④ デジタルクラウンを回してデザインを選びます。

⑤ 手順①～④の操作をくり返して、文字盤のデザインを変更します。

⑥ 設定が終わったらデジタルクラウンを2回押します。

コンプリケーションを変更する

コンプリケーションとは、Apple Watchのアプリや機能をアイコンとして文字盤に表示するものです。コンプリケーションをタップすると、そのアプリや機能が起動します。また、iPhoneのウィジェットのように、天気やバッテリーの残量など、アイコンのデザインで現在の状態がライブ表示されるものもあります。テキスト付きのコンプリケーションは、アイコンよりも多くの情報がライブ表示されます。
サードパーティ製のアプリにも、コンプリケーションに対応しているものがあります。アプリをダウンロードすると、文字盤編集画面のコンプリケーションの項目に追加されます。

1 文字盤を表示している状態で、画面をタッチ（長押し）します。

2 画面を左右にスワイプし、機能を追加したい文字盤の[編集]をタップします。

3 画面を左方向にスワイプします。

4 「コンプリケーション」の編集画面が表示されます。変更したいコンプリケーションをタップします。

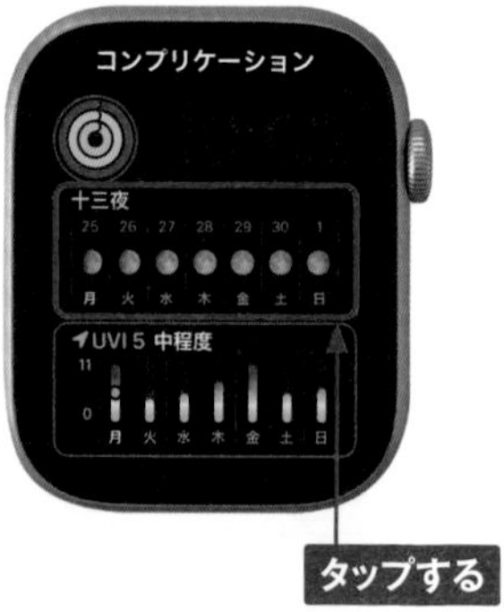

5 デジタルクラウンを上下に回して、コンプリケーションをタップして選びます。

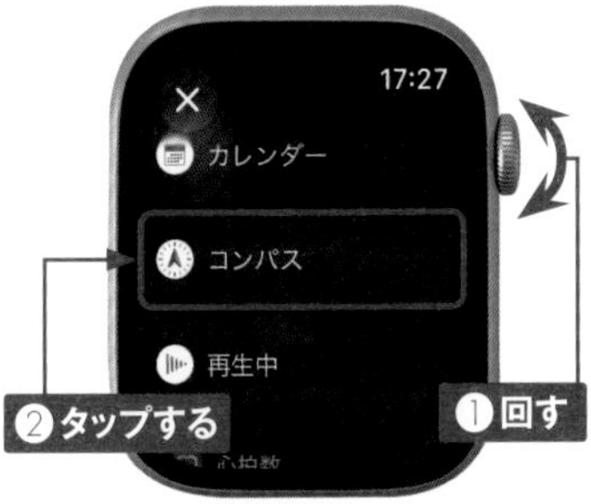

6 コンプリケーションが変更されます。別のコンプリケーションをタップします。

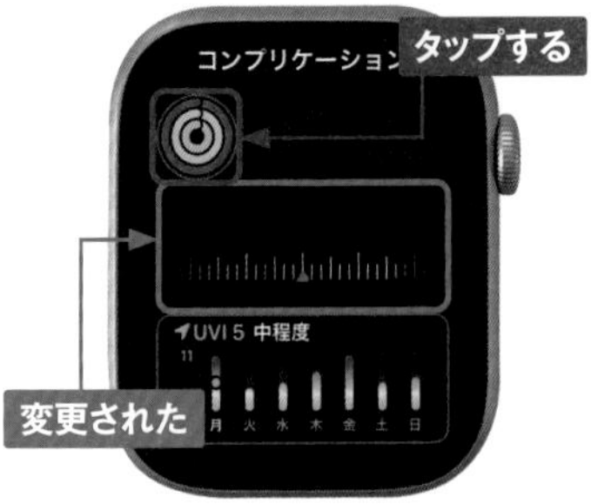

7 デジタルクラウンを上下に回すと、選択した場所のコンプリケーションを変更できます。

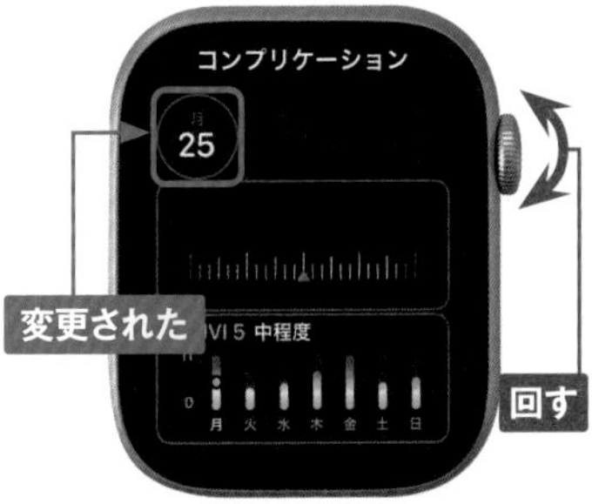

8 設定が完了したら、デジタルクラウンを2回押して、文字盤に戻ります。

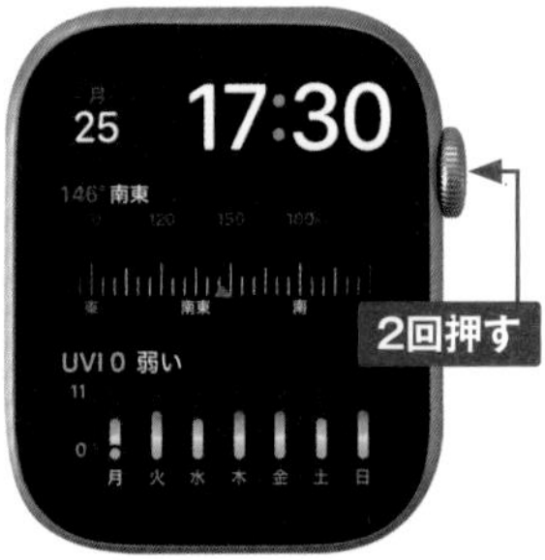

MEMO コンプリケーションの表示形式

複数の表示形式があるコンプリケーションを手順④の画面でタップすると、表示形式が一覧で表示されます。たとえば「天気」には「UV指数」「気象状況」「風」などの表示形式があり、必要なものを選ぶことができます。

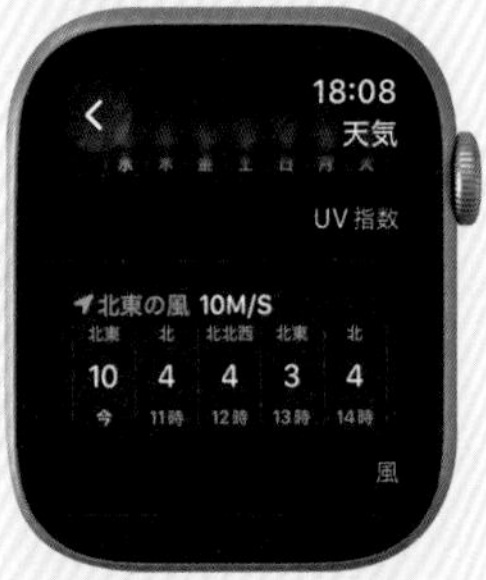

文字盤に写真を設定する

写真の文字盤を利用する場合は、iPhoneでApple Watchに同期するアルバムや写真を選択します。あらかじめ「写真」アプリでiPhoneのアルバムを同期している場合（P.193参照）は、文字盤ギャラリーやApple Watchで「写真」の文字盤を選ぶだけで文字盤に写真が設定されます。

① iPhoneのホーム画面で［Watch］→［文字盤ギャラリー］の順にタップし、「写真」の文字盤をタップします。

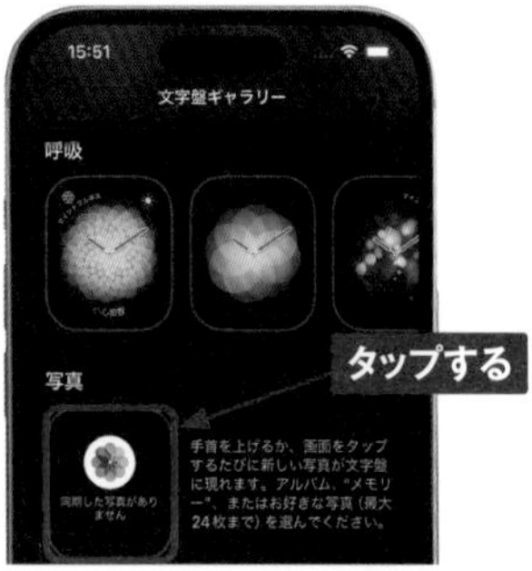

② 「コンテンツ」の［アルバム］をタップしてチェックを付け、［お気に入り］をタップします。

③ 初期設定では「お気に入り」が選択されています。同期したいアルバムをタップします。

④ 選択したアルバムに☑が付き、［完了］をタップすると画像が同期されます。

5 画面を上方向にスワイプします。

6 時刻の位置やコンプリケーションを設定したら、[追加]をタップします。

7 「写真」の文字盤が設定されます。

8 画面をタップしたり、手を上げたりすると、同期したアルバムのほかの写真が表示されます。

MEMO 1枚の写真だけを文字盤にする

1枚の写真だけを文字盤にする場合は、P.56手順②の画面で[写真]をタップし、設定したい写真を選択して、[追加]→[追加]の順にタップします。

ポートレート写真を文字盤にする

iPhoneのポートレートモードで撮影した写真をApple Watchの文字盤に設定することができます。人物のほか、ポートレートモードで撮影したペット、風景の写真も文字盤にすることができます。ポートレートモードの深度が利用されて、デジタル数字が被写体の後ろに表示されるようになります。設定はiPhoneの「写真」アプリから行います。なお、被写体に寄り過ぎた写真や、背景によってはうまく設定できないことがあります。

① iPhoneのポートレートモードで写真を撮影し、ホーム画面で［写真］をタップします。

② ［ポートレート］をタップします。

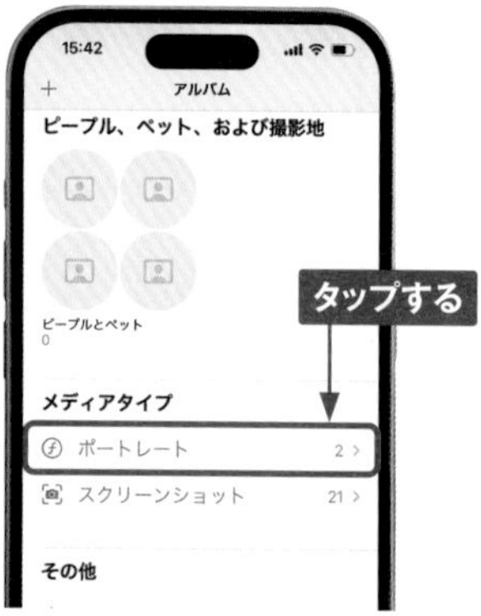

③ 文字盤に設定したい写真をタップします。

④ をタップします。

5 画面を上方向にスワイプし、[文字盤作成]をタップします。

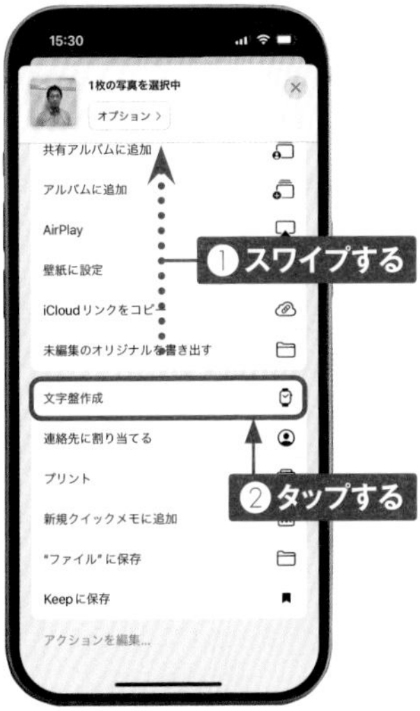

6 [ポートレート文字盤]をタップします。

7 「スタイル」や「コンプリケーション」を設定し、[追加]をタップします。

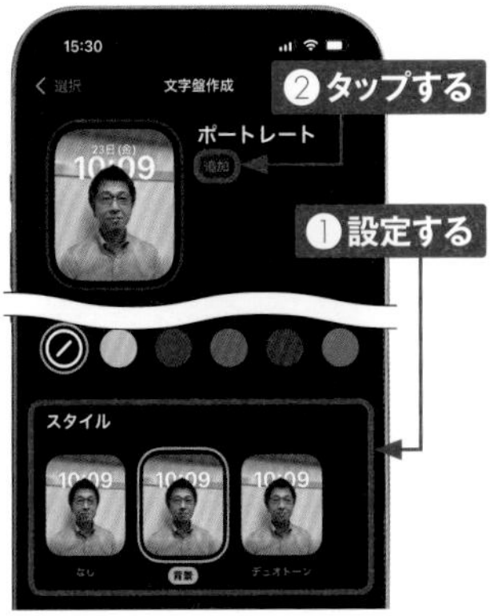

8 Apple Watchにポートレート写真の文字盤が追加されます。

MEMO

複数のポートレート写真を設定する

手順⑦の画面で[1枚の写真]→[写真を追加]の順にタップし、複数のポートレート写真(24枚まで)を選択すると、文字盤をタップするたびに写真が切り替わります。

2

iPhoneから「マイ文字盤」のコレクションを追加する

① P.56のiPhoneの「文字盤ギャラリー」画面を上方向にスワイプし、任意の文字盤をタップします。

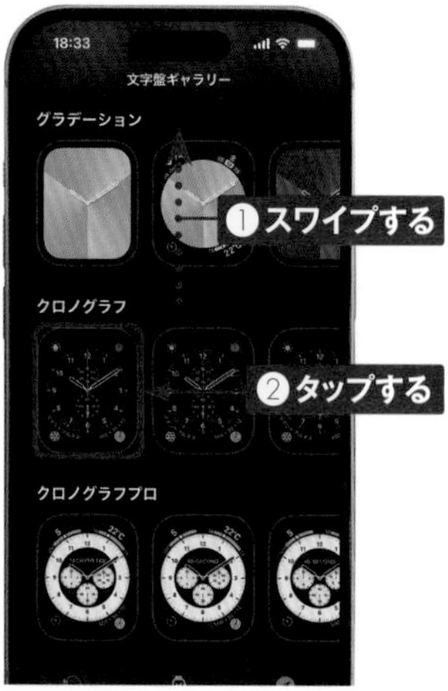

② カラーやタイムスケールを設定できます。

③ 画面を上方向にスワイプし、「コンプリケーション」で表示内容をカスタマイズしたら、[追加] をタップします。

④ [マイウォッチ]をタップすると、「マイ文字盤」に追加した文字盤が表示されていることを確認できます。

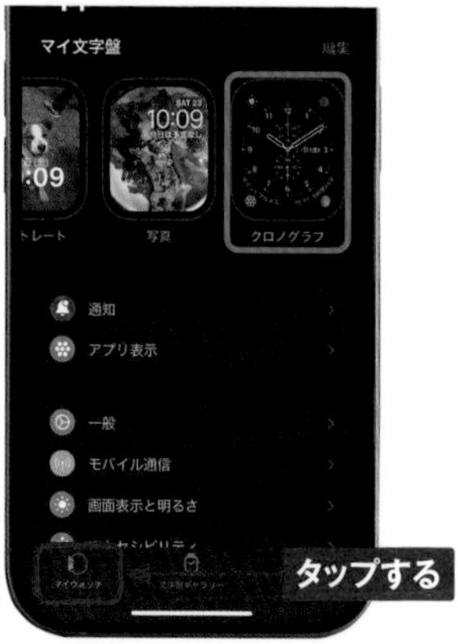

Section 12 Watch

時計機能を利用する

通常の時計機能のほか、「アラーム」「タイマー」「世界時計」といったアプリが標準で搭載されています。なお、アラームとタイマーは、Siriから操作すると、あっという間に設定でき、便利です。

アラームをセットする

Siri

Siriを起動し（P.28参照）、「アラーム8時」のように話しかけると、指定の時刻でアラームがセットされます。

アプリ

ホーム画面でをタップすると、「アラーム」アプリが起動します。設定したアラームをタップすると、くり返しやスヌーズの設定が行えます。

MEMO チャイムを設定する

ホーム画面で→［アクセシビリティ］→［チャイム］の順にタップし、「チャイム」のをタップしてにすると、チャイムがオンになり、設定した時間ごとにチャイムを鳴らすことができます。チャイムを鳴らす時間や音の種類も変更でき、それぞれ［スケジュール］と［サウンド］から行います。

タイマーをセットする

Siri

Siriを起動し（P.28参照）、「タイマー1分」のように話しかけると、指定の時間でタイマーがセットされます。

アプリ

ホーム画面でをタップすると、「タイマー」アプリが起動します。時間、分、または秒を指定し、カスタムタイマーを作成することもできます。

世界時計を表示する

Siri

Siriを起動し（P.28参照）、「ロンドンの時刻」のように話しかけると、音声で時刻を確認することができます。

アプリ

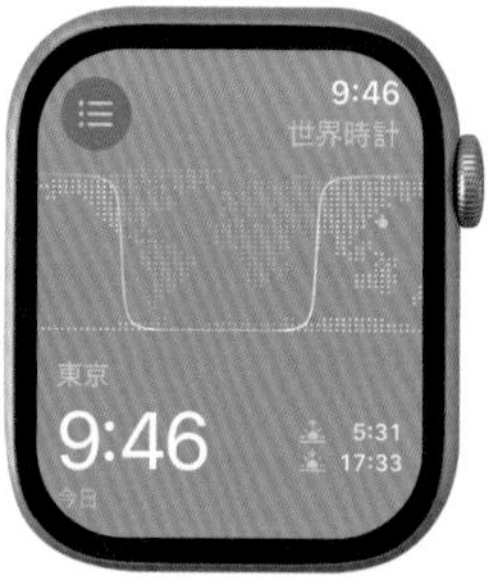

ホーム画面でをタップすると、「世界時計」アプリが起動します。設定した各国の都市の時刻を確認できます。都市の追加や削除はから行います。

ストップウォッチを利用する

Apple Watchには、最長で11時間55分までの時間を計測できるストップウォッチ機能が搭載されています。ラップタイムを記録し、結果をリストやグラフで表示することもできます。

ストップウォッチを利用する

1 ホーム画面でをタップし、「ストップウォッチ」アプリを起動します。

2 ▶をタップすると、計測が始まります。ほかの画面に切り替えても、計測は続行されます。

3 ここでは、文字盤に表示されたステータスアイコンをタップします。

4 ストップウォッチの計測画面に戻ります。

5 をタップします。

6 ラップまたはスプリットが記録されます。

7 手順⑥の画面で をタップすると、計測が停止します。画面左下の をタップすると、時間がリセットされます。

8 計測後、デジタルクラウンを上方向に回す、または画面を上方向にスワイプします。

9 表示形式が「ハイブリッド」に変わり、記録されたラップがグラフで表示されます。

10 手順⑧の操作をくり返すと、表示形式が「デジタル」に変わります。

Chapter 3

Apple Payを利用する

Section 14　Apple Payのしくみとできること
Section 15　Apple Payでクレジットカードを利用する
Section 16　Apple Watchに交通系ICカードを設定する
Section 17　交通系ICカードを管理する
Section 18　iPhoneで交通系ICカード専用アプリを使う
Section 19　ウォレットアプリのパスサービスを使う

Apple Payのしくみとできること

Apple Payは、Appleが提供するキャッシュレス決済サービスです。iPhoneやApple Watchに、クレジットカード、交通系ICカード、nanacoやWAONなどを登録すると、買い物や交通機関を利用するときに便利です。

Apple Payとは

Apple Watchで、キャッシュレス決済サービスであるApple Payを利用することができます。「ウォレット」アプリに、クレジットカード、デビットカード、プリペイドカードなどを登録して、電子マネーとして使うことができます。Apple Payに対応している銀行やカードの発行元であれば、海外での利用も可能です。
Suica、PASMO、ICOCAの交通系ICカードをApple Payに登録すると、鉄道やバスの運賃の支払いのほか、電子マネーとして店舗での買い物に利用することができます。
電子マネーサービスのnanacoやWAONもApple Payに登録して利用することができます。対応店舗での支払いができ、チャージもすぐに行えます。iPhoneの「nanaco」アプリや「WAON」アプリから手続きを行えば、カードの発行手数料もかかりません。

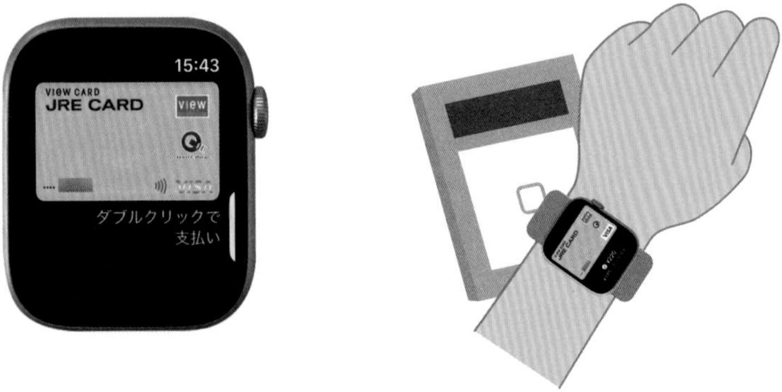

Apple Payは、「ウォレット」アプリに登録したクレカ、交通系ICカード、電子マネーで、店舗でキャッシュレスで支払いができます。「ウォレット」アプリには、最大16枚のカードを登録することができます。

クレカでの支払いに利用する（Sec.15）

「ウォレット」アプリは、対応したクレジットカードを登録することで、電子マネー（QUICPayまたはiD）、もしくはコンタクトレスクレカとしてキャッシュレスで支払うことができます。Apple Watchでキャッシュレス払いをするには、サイドボタンを2回押して、店舗のリーダーにかざします。支払いの完了は、Apple Watchの振動と音で確認できます。

●クレカで支払う

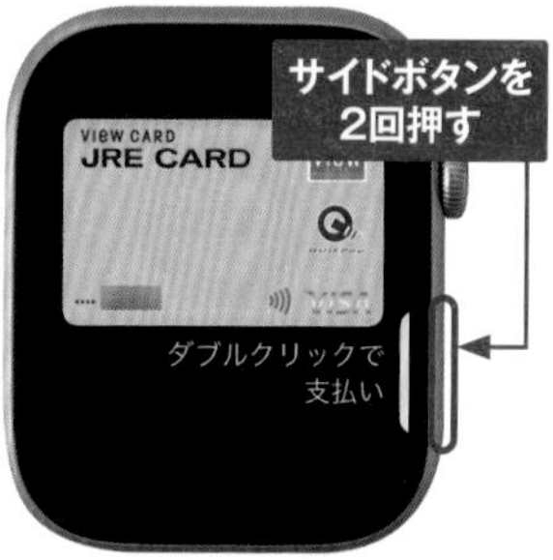

「ウォレット」アプリを起動して支払いに使用したいカードを表示し、サイドボタンを2回押します。

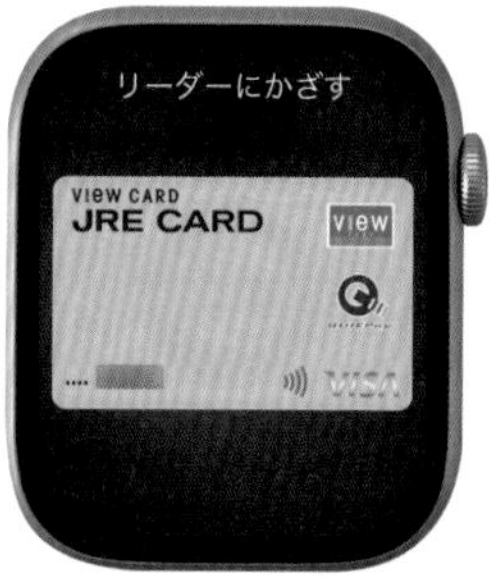

「リーダーにかざす」画面が表示されたら、店頭で「QuicPay」「iD」「コンタクトレス」のいずれかで支払うことを伝えてから、リーダーにかざします。

MEMO　Apple Payの利用にはパスコードが必要

Apple PayをApple Watchで使用する場合は、安全のためにパスコードを設定する必要があります（Sec.81参照）。パスコードをオフにすると、Apple Watchからクレジットカードなどの情報が削除されます。また、交通系ICカードで交通機関を利用しているときは、途中でパスコードをオフにすると、残高が失われる可能性があります。

交通系ICカードを利用する（Sec.16～18）

●交通系ICカードで鉄道やバスを利用する

Apple Watchに登録したSuica、PASMO、ICOCAはいずれも、プラスチックカードの交通系ICカードと同様に、全国のICマークのある交通機関で運賃の支払いに利用できます。改札などのリーダーにApple Watchをかざすだけで、エクスプレスカード（P.81参照）に設定した交通系ICカードで支払うことができます。
Suica、PASMO、ICOCAそれぞれの対応区間外では、定期券などの利用はできません。**画面側でなく、ベルト側をかざしても**通り抜けることができます。入場後、Apple Watchを腕から外した場合は、出場時にパスコードの入力が必要です。

●交通系ICカードで支払う

Apple Watchに、Suica、PASMO、ICOCAのいずれを登録すると、全国のICマークのある店舗で電子マネーとして利用できます。店舗のリーダーにApple Watchをかざすだけで、エクスプレスカード（P.81参照）に設定した交通系ICカードでキャッシュレス払いができます。

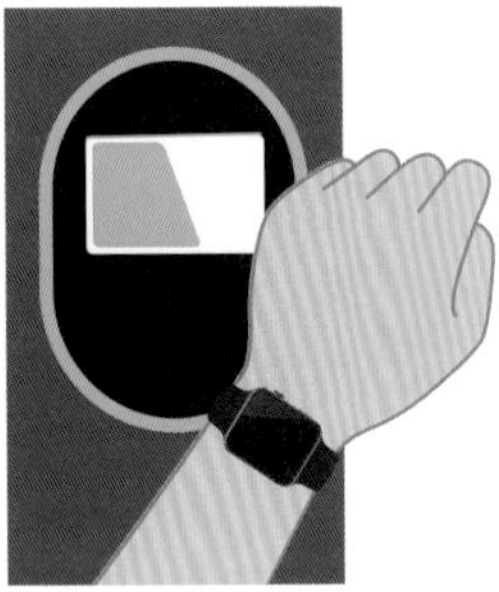

●交通系ICカードの専用アプリを使う

iPhoneの「Suica」アプリ、「PASMO」アプリ、「ICOCA」アプリを使うと、それぞれの交通系ICカードの新規発行や定期券の購入、オートチャージ（自動入金）の設定などをアプリ上で行うことができます。会員登録し、会員情報にクレジットカード（またはデビットカードやプリペイドカード）を紐付ける必要があります。

MEMO iPhoneとApple Watch間で移行できる

Apple Payに登録した交通系ICカードは、ペアリングしたiPhoneとApple Watch間で移行することができます（P.80参照）。しかし、1つの交通系ICカードはどちらか一方でしか利用することができません。iPhoneとApple Watchの両方で使いたい場合は、それぞれに交通系ICカードを登録する必要があります。

nanacoやWAONを利用する

電子マネーのnanacoやWAONをApple Payに登録すると、対応店舗でキャッシュレス払いに利用できます。プラスチックのnanacoカードやWAONカードを所有している場合は、iPhoneの「ウォレット」アプリや「Watch」アプリから取り込んで登録できます。ただし、取り込めるカードの種類に制限があったり、取り込んだプラスチックのカードは使えなくなるほか、各カードの発行手数料は返金されないので注意が必要です。なお、iPhoneの「nanaco」アプリや「WAON」アプリを利用すると、カードを新規発行することができます。

●nanacoやWAONを使う

プラスチックのnanacoカードをApple Payに取り込むと、会員情報やポイントも引き継がれます。詳しくは、nanacoの公式サイト(https://www.nanaco-net.jp/)で確認することができます。

プラスチックのWAONカードをApple Payに取り込むと、会員情報やポイントも引き継がれます。詳しくは、WAONの公式サイト(https://www.waon.net/)で確認することができます。

iPhone	できること
「nanaco」アプリ	・新規発行　・カードの取り込み（虹色デザインのみ）　・マネー残高のチャージ　・ポイント残高の照会、マネーへの交換　・機種変更に伴うnanaco引き継ぎ　・紛失、盗難時の再発行
「WAON」アプリ	・WAONの新規発行、追加発行　・カードの取り込み　・マネー残高のチャージ　・ポイント残高の照会、マネーへの交換　・利用履歴の照会　・機種変更に伴うWAONの引き継ぎ

MEMO iPhoneとApple Watch間で移行できる

Apple Payに登録したnanacoやWAONは、iPhoneの「Watch」アプリからiPhoneとApple Watch間で移行することができます。しかし、1つのnanacoやWAONはどちらか一方でしか利用することができません。

Section 15 Wallet

Apple Payでクレジットカードを利用する

Apple Payにクレジットカードを登録すると、電子マネーとして実店舗やWebでのキャッシュレス決済に利用できます。iPhoneやApple Watchでの登録や管理は、それぞれの「ウォレット」アプリで行います。

クレジットカードをウォレットで管理する

3

Apple Payにクレジットカードを登録すると、実店舗での支払い、Apple Payに登録した交通系ICカードへのチャージ、アプリやショッピングサイトでのキャッシュレス決済ができるようになります。決済時には、Touch IDやFace ID、パスコードによる認証が必要になるため、不正利用を防止することができます。また、クレジットカードの情報は端末内で暗号化され、店舗などに残ることはないので安心して利用できます。
登録したクレジットカードは、「ウォレット」アプリで一元管理することができます。複数のクレジットカードを登録できるので、用途に合わせて切り替えることも可能です。
なお、クレジットカードをiPhoneとApple Watchの両方で使うには、それぞれに登録する必要があります。また、Apple Payに登録後もプラスチックのクレジットカードは引き続き利用することができます。

iPhoneのホーム画面で［ウォレット］をタップすると、「ウォレット」アプリが起動します。「ウォレット」アプリに各種カードを追加して管理することができます。

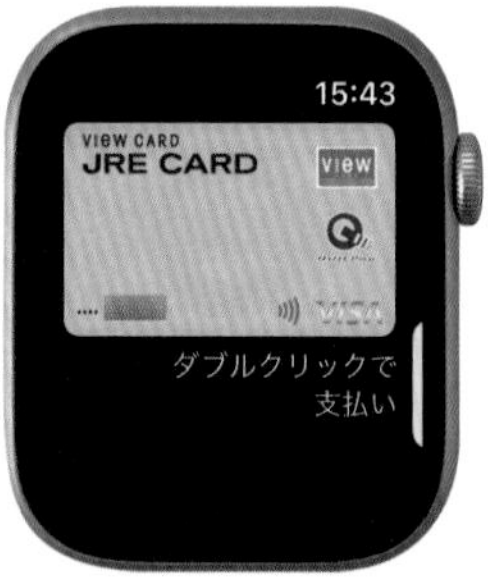

iPhoneの「Watch」アプリで追加したカードは、Apple Watchの「ウォレット」アプリで確認したり、削除したりすることができます。

登録できるカードの種類

主要なカード発行会社や銀行から発行されているほとんどのクレジットカードは、「ウォレット」アプリに登録できます。
Apple Payに対応しているカードは、Apple Payに追加することで、電子マネー(QUICPayまたはiD)か、コンタクトレスクレカ(非接触型決済)として使用できます。Appleの公式サイト(https://support.apple.com/ja-jp/HT206638)で、Apple Payに対応しているカードの種類についての最新情報を確認できます。

主なクレジットカード	JCBカード、イオンカード、楽天カード(AMEXブランドは登録不可)、KDDI(auWALLETクレジットカード、プリペイド含む)、クレディセゾン、ソフトバンクカード、セゾンカード、dカード(dカードプリペイド含む)、ビューカード、エポスカード、アメリカン・エキスプレス・カード、りそなカードなど
コンタクトレス(NFC決済)	Mastercard Contactless、American Express Contactless、JCB Contactless、Visaのタッチ決済(一部除く)
電子マネー	Suica、PASMO、ICOCAなど交通系ICカード、iD、QUICPay、nanaco、WAON(楽天Edyは現状だと未対応)

カードに使いたい分だけを入金して利用する「プリペイドカード」も、「ウォレット」アプリに登録して利用できます。後払いとなるクレジットカードとは異なり、カードに入金されている金額しか使うことができないため、キャパシティ以上に使いすぎる心配がありません。「ウォレット」アプリに登録できる代表的なプリペイドカードには、「au WALLET プリペイドカード」「ソフトバンクカード」「dカード プリペイド」などがあります。

プリペイドカード	au WALLET プリペイドカード、ソフトバンクカード、dカード プリペイドなど
デビッドカード	auじぶん銀行スマホデビット、みずほJCBデビット、Smart Debit(みずほ銀行)、三菱UFJ-JCBデビットなど

LINEの「LINE Pay」やメルカリの「メルペイ」のようなアプリを用いた決済サービスもApple Payに対応しています(各アプリから利用手続きを行う必要があります)。

アプリ決済	LINE Pay、メルペイ
ポイントサービス	登録したクレジットカードのポイントが貯まる。QUICPay、iDで支払った場合も、各クレジットカードのポイントレートに準じて貯まる
対応アプリ	Apple Store、JapanTaxi、Uber Eats、出前館、Wolt、マクドナルド、モスバーガー、スターバックス、Suica、PASMO、ICOCA、nanaco、WAON、ChargeSPOT、ピザハット、ポケットマルシェ、giftee、adidas

ウォレットにクレジットカードを登録する

iPhoneの「Watch」アプリにクレジットカードを登録することで、Apple WatchでApple Payを利用できるようになります。登録したカードは、Apple Watchの「ウォレット」アプリにも自動的に登録されます。なお、Apple Watchからクレジットカードを登録することもできますが、iPhoneでの認証が必要になります。

1 iPhoneのホーム画面で[Watch]をタップします。

2 [マイウォッチ]→[ウォレットとApple Pay]の順にタップします。

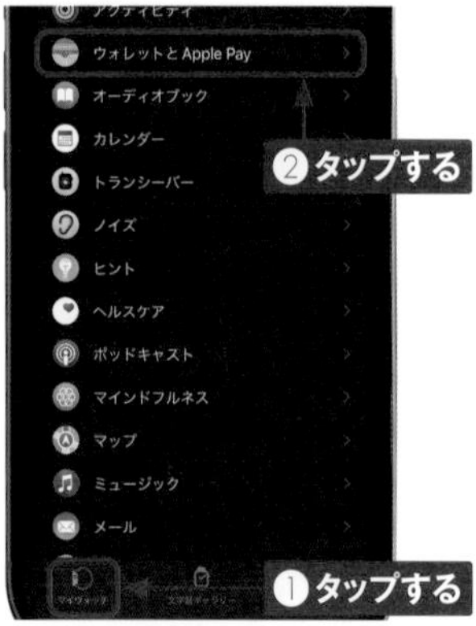

3 [カードを追加]をタップします。「Apple Watchのロックを解除」が表示された場合は[OK]をタップしてApple Watchのロックを解除します。Apple Watchにロックを設定していない場合は画面に従って設定します。

4 [クレジットカードなど]をタップします。

5 [続ける] をタップします。

6 iPhoneのファインダーに登録したいカードを写したら、「カード詳細」画面で「名前」と「カード番号」が自動入力されるので、確認して [次へ] をタップします。次の画面でFace IDを設定し、セキュリティコードを入力して [次へ] をタップします。

7 「利用規約」画面が表示されたら内容を確認し、問題なければ [同意する] をタップします。

8 カードが登録されます。[完了] をタップします。

9 「カード認証」画面が表示されたら、画面の指示に従って認証を行います。

ウォレットに登録されているクレジットカードを確認する

1 ホーム画面でをタップして「ウォレット」アプリを起動します。

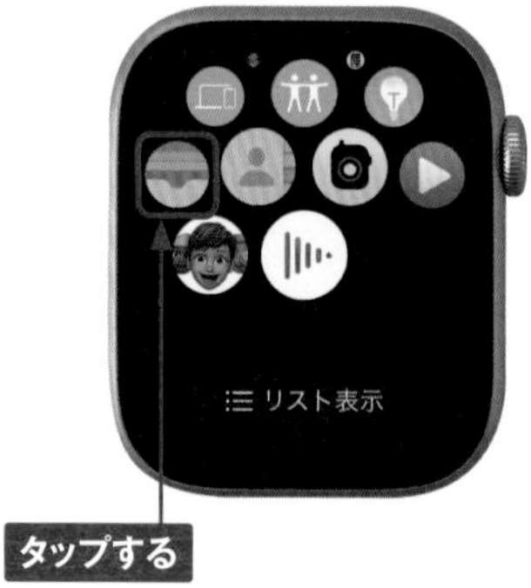

2 「ウォレット」アプリに登録しているカード一覧が表示されます。確認したいカードをタップします。

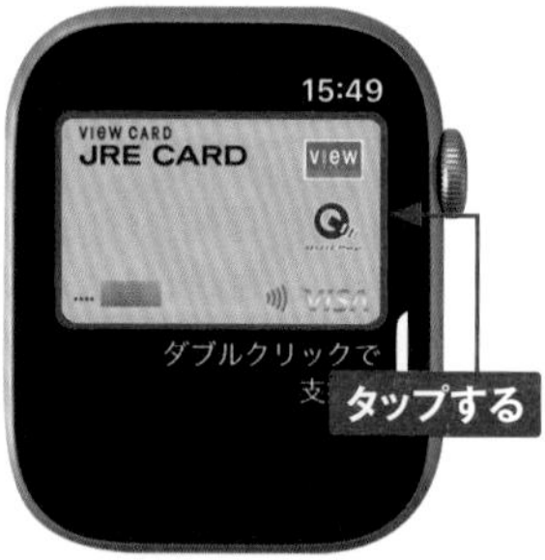

3 カードが表示されます。×をタップします。

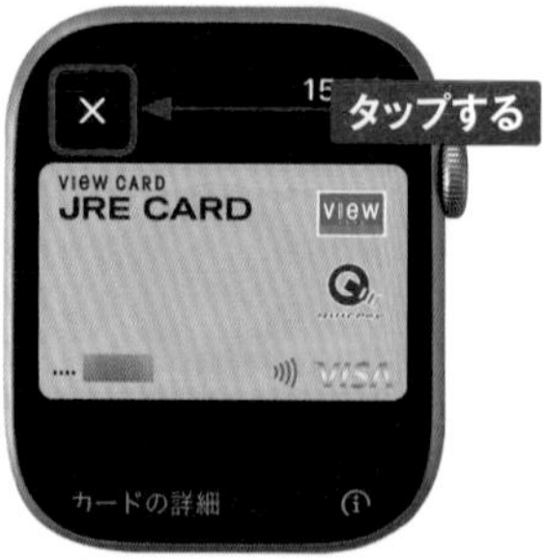

4 カード一覧に戻ります。

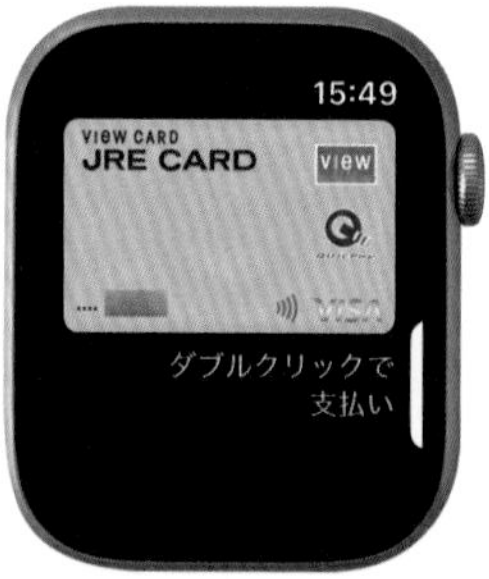

MEMO メインカードを設定する

よく利用するクレジットカードをメインカードに設定すると、「ウォレット」アプリで一番手前に表示されてすぐに使うことができます。iPhoneで「Watch」アプリを起動し、[マイウォッチ] → [ウォレットとApple Pay] → [メインカード] の順にタップして、設定したいカードをタップします。

Apple Payに登録したクレジットカードでキャッシュレス払いする

1 Apple Watchのサイドボタンを2回押します（Apple Watchを腕から外している場合はパスコードの入力が必要）。

2 メインカードが表示されます。メインカードで支払う場合は、手順④に進んでください。

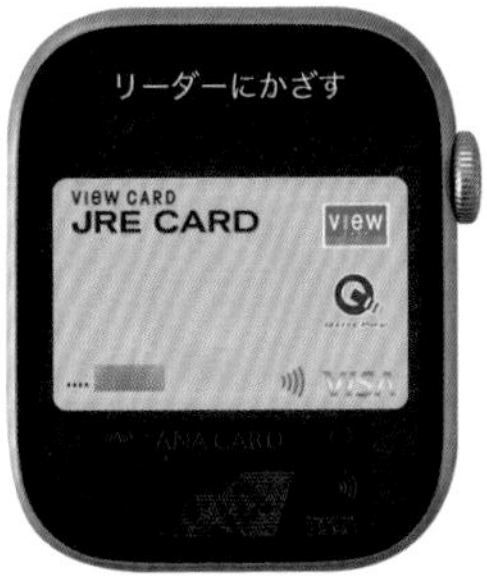

3 ほかのカードで支払う場合は、画面を上下にスワイプし、支払うカードを選びます。

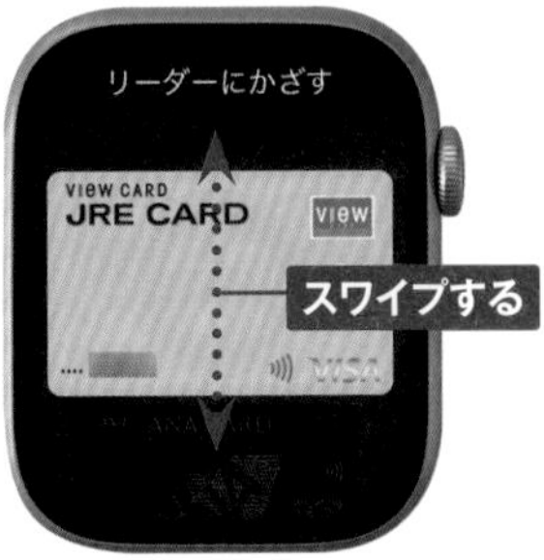

4 「リーダーにかざす」と表示されたら、支払い方法を伝えて店舗のリーダーにかざして支払います。

MEMO 「ウォレット」アプリから支払う

Apple Watchの「ウォレット」アプリを開いてカードを選択し、実店舗で支払う方法もあります。P.74手順③の画面でサイドボタンを2回押すと、「リーダーにかざす」と表示されるので、店頭で「QuicPay」「iD」「コンタクトレス」のいずれかで支払うことを伝えてからリーダーにかざして支払いましょう。

Apple Watchに交通系ICカードを設定する

Apple Watchに交通系ICカードを設定する場合、プラスチックの交通系ICカードを引き継ぐことができます。定期券をApple Watchに引き継ぐと、すぐに利用開始でき便利です。もとのカードは使用できなくなるため注意が必要です。

プラスチックの交通系ICカードを引き継ぐ

1 iPhoneのホーム画面で[Watch]をタップします。

2 [マイウォッチ]→[ウォレットとApple Pay]の順にタップします。

3 [カードを追加]をタップします。「Apple Watchのロックを解除」が表示された場合は[OK]をタップしてApple Watchのロックを解除します。Apple Watchにロックを設定していない場合は画面に従って設定します。

4 [交通系ICカード]→[Suica]→[お手持ちのカードを追加]の順にタップします。

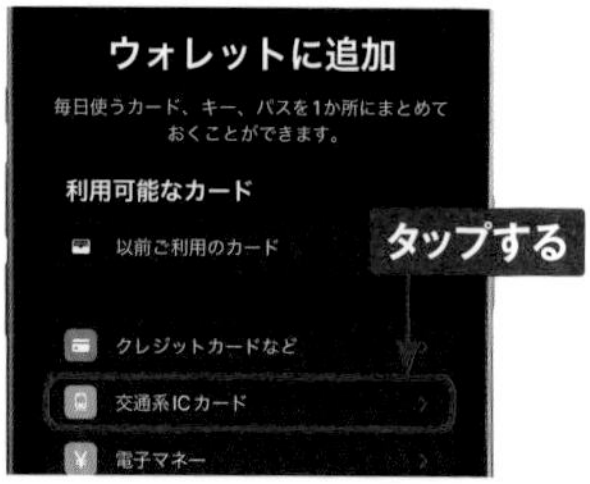

5 Suicaカード背面の右下に表示されている数字の下4桁を入力します。任意で生年月日を入力し、［次へ］をタップします。利用規約が表示されたら内容を確認し、問題なければ［同意する］をタップします。

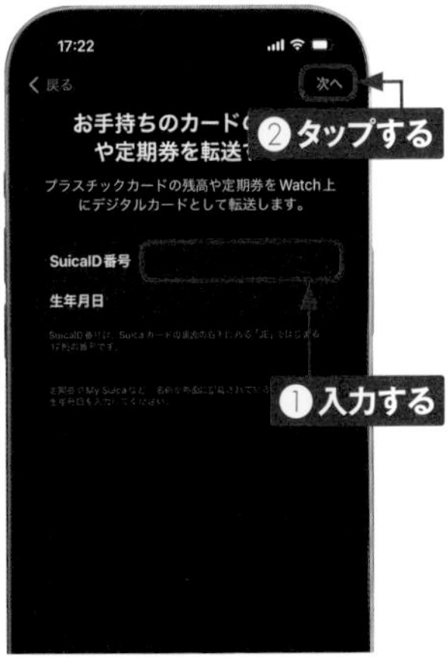

6 金属以外の平らな面にSuicaカードを置き、iPhoneの上部を重ねて置きます。

7 「カードの追加」画面が表示されたら［次へ］をタップします。

8 ［完了］をタップします。

9 Apple Watchに通知が届き、「ウォレット」アプリにSuicaが表示されます。

3

「ウォレット」アプリから交通系ICカードを発行する

「ウォレット」アプリから新しい交通系ICカードを発行することができます。「ウォレット」アプリでは複数の交通系ICカードを管理できるので、仕事ではSuicaを、プライベートではPASMOをといったように使い分けることができます。普段よく使うカードをエクスプレスカードに設定しておくと（P.81参照）、そのつど切り替える手間もかかりません。なお、ICOCCAは、WESTERサービスの会員登録が必要です。
定期券を発行する場合は、iPhoneの「Suica」アプリ、「PASMO」アプリ、「ICOCA」アプリから手続きを行う必要があります。

1 ホーム画面で をタップして「ウォレット」アプリを起動します。

2 ··· →［カードを追加］の順にタップします。··· が表示されない場合は、画面を上または下方向にスワイプします。

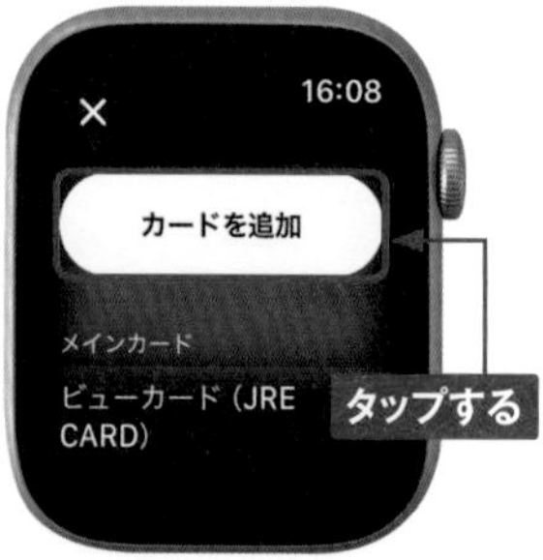

3 ［交通系ICカード］→［Suica］（または［PASMO］［ICOCA］）→［続ける］の順にタップします。

4 入金したい金額を設定し、［チャージ］をタップします。

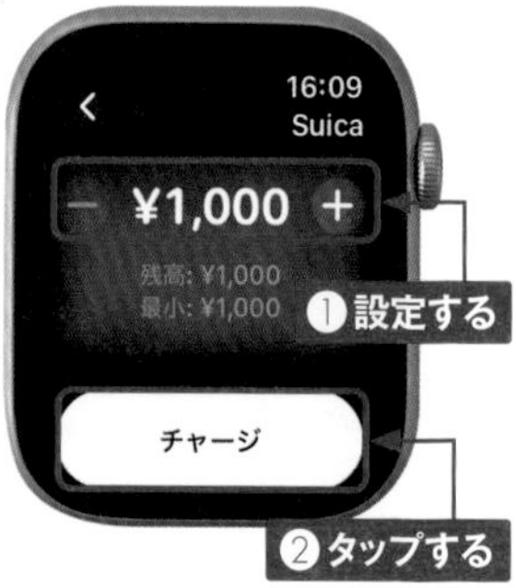

5 「利用規約」画面が表示されたら内容を確認し、[同意する]をタップします。

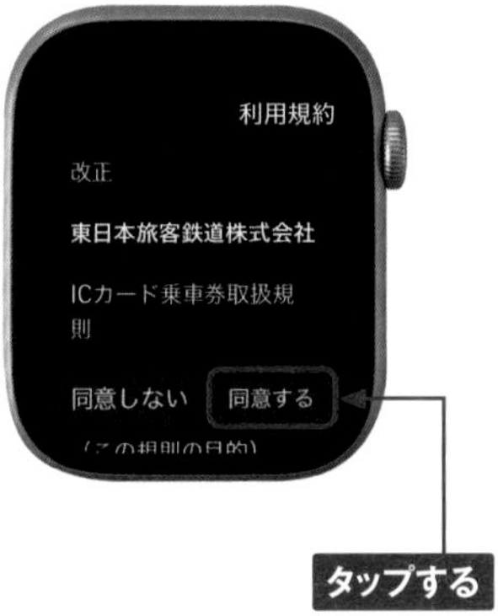

6 サイドボタンを2回押すと、Suica(またはPASMO、ICOCA)が発行されます。

MEMO 専用アプリから発行する

「Suica」アプリ(P.84参照)からSuicaを新しく発行したいときは、あらかじめiPhoneに「Suica」アプリをインストールしておきます。⊕をタップし、作成したいSuicaの種類の[発行手続き]をタップしたら、画面の指示に従って発行手続きを行います。

「PASMO」アプリ(P.85参照)からPASMOを新しく発行したいときは、「PASMO」アプリをインストールした上で、[はじめる]→[新しくPASMOを作る]の順にタップします。

「ICOCA」アプリ(P.85参照)からICOCAを新しく発行したいときは、「ICOCA」アプリをインストールし、[新しいICOCA/定期券を作る]→[次へ]の順にタップします。

Apple Watchへ交通系ICカードを移行する

iPhoneに登録した交通系ICカードをApple Watchに移行することができます。移行するには、iPhoneの「Watch」アプリを使用します。

1. iPhoneで「Watch」アプリを起動し、[マイウォッチ]→[ウォレットとApple Pay]の順にタップします。転送したい交通系ICカードの横にある[追加]をタップします。

2. 「Apple Watchのロックを解除」画面が表示されたら、Apple Watchでロックを解除して[OK]をタップし、「カードを転送」画面で[次へ]をタップします。転送が完了したら[完了]をタップします。

iPhoneへ交通系ICカードを移行する

Apple Watchに登録した交通系ICカードをiPhoneに移行することができます。

1. iPhoneで「Watch」アプリを起動し、[マイウォッチ]→[ウォレットとApple Pay]の順にタップします。転送したい交通系ICカードをタップし、[“○○のiPhone”にカードを追加]をタップします。

2. [次へ]をタップすると、交通系ICカードがiPhoneへ転送されます。

エクスプレスカードを変更する

エクスプレスカードの設定を行うと、Apple Watchのサイドボタンを2回押す動作をせずに、かざすだけで交通系ICカードを利用できるようになります。改札を通る場合はもちろん、実店舗での支払いにも使えます。設定を変更しない場合は、初回に登録した交通系ICカードがエクスプレスカードになります。

1 iPhoneのホーム画面で[Watch]をタップします。

2 [マイウォッチ]→[ウォレットとApple Pay]の順にタップします。

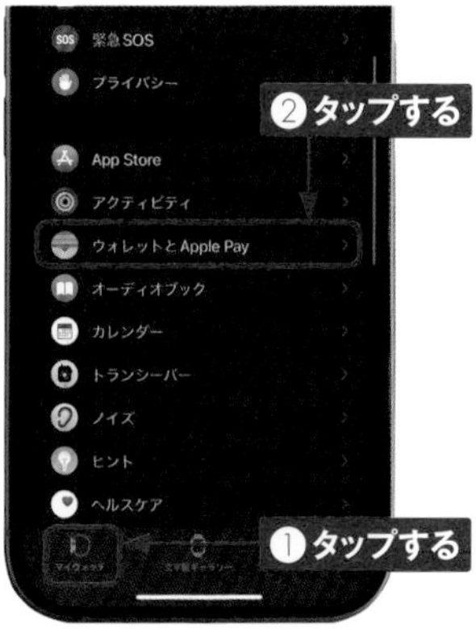

3 [エクスプレスカード]をタップします。

4 エクスプレスカードに設定したいカードの◯をタップしてApple Watchでパスコードを入力してオンにします。エクスプレスカードを設定したくない場合は[なし]をタップします。

3

Section 17 Transportation IC

交通系ICカードを管理する

Apple Payに交通系ICカードを登録すると、iPhoneやApple Watchの「ウォレット」アプリから確認することができ、残高を表示することもできます。また対応するクレジットカードなどを設定しておくと、交通系ICカードにチャージすることもできて便利です。

交通系ICカードを確認する

iPhoneの「ウォレット」アプリを利用すると、最新の利用履歴や移動履歴を表示したり、Apple Watchから交通系ICカードを削除したり、定期券を持っている場合は利用区間を表示したりすることができます。

「ウォレット」アプリを開くと、直近の利用明細が確認できます。利用履歴をタップすると、詳細な情報が表示されます。

「ウォレット」アプリ内のPASMOの表示例です。残高の確認やチャージ、エクスプレスカードの設定などを行うことができます。

交通系ICカードの残高を表示する

1 ホーム画面で■をタップして、「ウォレット」アプリを起動します。

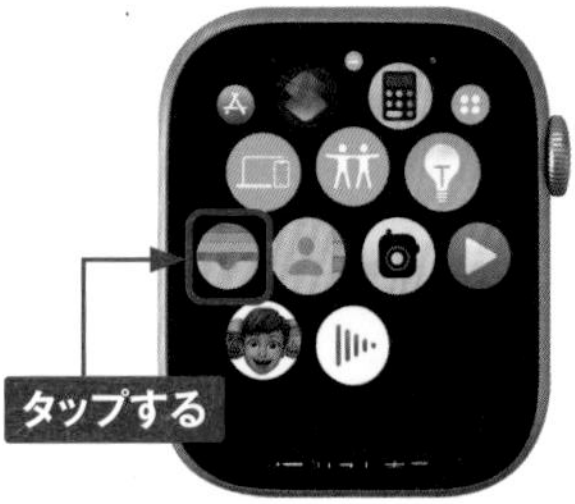

2 交通系ICカードをタップすると、残高が表示されます。

交通系ICカードにチャージする

Apple Watchから交通系ICカードにチャージするには、Apple Watchの「ウォレット」アプリに有効なクレジットカード（またはプリペイドカード）が登録されている必要があります（P.72参照）。

1 上の手順②の画面で、[カード残高] をタップします。

2 [チャージ] をタップし、画面の表示に従って操作します。

MEMO **交通系ICカードのチャージ方法**

iPhone、Apple Watchの交通系ICカードは次の方法でチャージできます。

- Apple Pay、「Suica」「PASMO」「ICOCA」アプリに登録済みのクレジットカードから
- 交通系ICカード支払い対応店舗
- 交通系ICカード対応券売機
- コンビニなどの対応端末
- バス会社窓口やバス車内

iPhoneで交通系ICカード専用アプリを使う

iPhoneの「Suica」アプリ、「PASMO」アプリ、「ICOCA」アプリを使うと、それぞれのICカードの新規発行や定期券の購入などをアプリ上で行うことができます。会員登録すると、より便利に利用することができます。

交通系ICカードの専用アプリを使う

Suica、PASMO、ICOCAにはそれぞれ専用のアプリがあり、iPhoneのApple Storeからインストールできます（P.198参照）。iPhoneの「Suica」アプリ、「PASMO」アプリ、「ICOCA」アプリで会員登録し、会員情報にクレジットカード（またはデビッドカードやプリペイドカード）を紐付けると、下記の機能が利用できます。

●「Suica」アプリを使う

- 新規Suica発行（My Suica（記名式）・Suica（無記名））
- 新規定期券、Suicaグリーン券の購入
  ※定期券はSuica ／ PASMO事業者との連絡定期券にも対応
- 東海道･山陽新幹線の「EX-ICカード」としての利用
- 電子マネーの利用（入金上限額は20,000円）
- オートチャージ（エリア内で利用時のみ。ビューカードのみ対応）
- JREポイントサービスの利用など

「EAZYモバイルSuica」を使うと、クレジットカードを登録しなくてもモバイルSuicaを使い始めることができます。電子マネーの機能しかありませんが、使ってみたいときに便利です。また、グリーン券の購入も券売機に並ぶことなく、「Suica」アプリでかんたんに購入できます。そのほか、定期券の購入やJR東海のEX-ICを予約などもできます。

●「PASMO」アプリを使う

- 新規PASMO発行（無記名PASMO・記名PASMO）
- 新規定期券（鉄道・バス）の購入、継続・履歴購入
  ※Suica ／ PASMO事業者との連絡定期券にも対応
- 鉄道定期券の区間変更
- 電子マネーの利用（入金上限額は20,000円）
- オートチャージ（エリア内で利用時のみ）
- 「バス特」サービス特典チケットの確認（会員登録は不要。一部事業者のみ対応）
- 残額履歴の確認など

PASMO定期券の発行条件や利用可能区間の条件は、PASMO事業者ごとにより異なります。また、鉄道定期券のほか、対応した事業者であれば、バスの定期券も購入することができます。事前にWebサイトで調べるか、各事業者に問い合わせてください。

●「ICOCA」アプリを使う

- 新規ICOCA発行
- 新規定期券の購入、継続・履歴購入
- 定期券の区間変更、払い戻し
- 電子マネーの利用（入金上限額は20,000円）
- 登録したクレジットカードからチャージ（オートチャージには非対応）
- 利用履歴の確認

「ICOCA」アプリを利用する際は、JR西日本が提供するWESTERサービスへの会員登録の上、「WESTER ID」の取得が必要です。また、J-WESTカードでApple PayのICOCAを利用すると、チャージや定期券購入の際にWESTERポイントがお得に貯まります。ポイントはICOCAのチャージや運賃の支払い、買い物などで利用できます。

ウォレットアプリのパスサービスを使う

「ウォレット」アプリは、Apple Payのほかに、お店のポイントカードなどをまとめて管理できる「パス」サービスが利用できます。パスはiPhoneから追加でき、ペアリングしているApple Watchに同期されます。

パスを管理する

「ウォレット」アプリには、お店のクーポンやポイントカードをはじめ、飛行機の搭乗券、映画館や美術館、イベントの入場券などをまとめて管理できる「パス」と呼ばれるサービスがあります。iPhoneやApple Watchの画面を提示するだけでクーポンやポイントカードを利用することができます。
「ウォレット」アプリに対応したアプリは、Appleの公式サイト（https://apps.apple.com/jp/story/id1270334375）で確認することができます。

iPhoneでチケットやポイントカードなどが入っているアプリなどを開き、[Appleウォレットに追加]をタップすると、Apple Watchの「ウォレット」アプリにも追加されます。

サイドボタンを2回押すと、パスやQRコードなどが表示されるので店舗のリーダーにかざして利用します。

ウォレットで利用できるパスサービス

●クーポンやポイントカード

お店で使えるクーポンやポイントカードを「ウォレット」アプリで一括で管理できます。

●搭乗券、入場券などのチケット

チェックインに必要なQRコードやバーコードをApple Watchで提示することができます。

パスを確認する

Apple Watchから追加したパスの詳細情報を確認したり、共有したりできるほか、要らなくなったパスは削除することができます。なお、Apple Watchで削除したパスはiPhone側でも削除されます。

1. サイドボタンを2回押して「ウォレット」アプリを起動し、確認したいパスをタップすると、パスの詳細が表示されます。

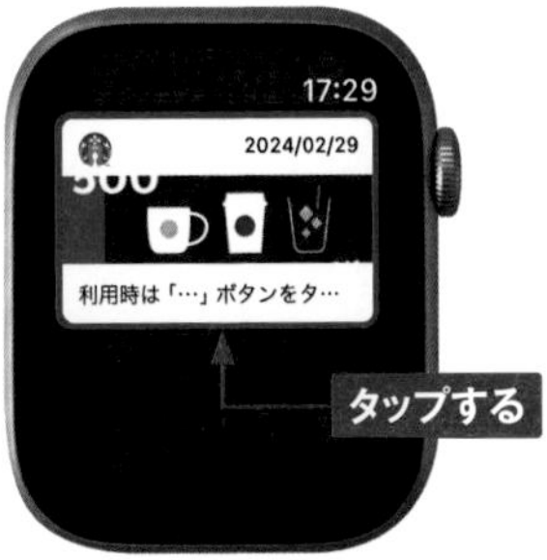

2. 下方向にスワイプして、[パスを共有]をタップすると、連絡先に登録している相手へパスを送ることができます。[削除]→[削除]の順にタップするとパスを削除できます。

MEMO QRコードやバーコードを表示して支払う

Apple Payには登録されませんが、Apple WatchにQRコードやバーコードを表示して、レジでコードを読み取ってもらうことで支払いができるアプリもあります。2023年10月現在、コードの表示でキャッシュレス払いできるアプリは「PayPay」アプリと「au PAY」アプリです。利用の際には、あらかじめペアリングしているiPhoneで各アプリにログインしている必要があります。

●「PayPay」アプリでコードを表示する

① ホーム画面でをタップして「PayPay」アプリを起動し、右方向にスワイプします。

② バーコードが表示されます。バーコード上をタップすると、QRコードが表示されます。

●「au PAY」アプリでコードを表示する

① ホーム画面でをタップして「au PAY」アプリを起動し、をタップします。

② QRコードが表示されます。左の手順①の画面でをタップすると、バーコードが表示されます。

Chapter 4

コミュニケーション機能を利用する

Section 20　連絡先を利用する
Section 21　メッセージを送る
Section 22　メッセージを読む
Section 23　メールボックスを設定する
Section 24　メールを送る
Section 25　メールを読む
Section 26　メールに返信する
Section 27　メールを削除する
Section 28　メール通知の設定を変更する
Section 29　電話をかける
Section 30　通話をiPhoneに切り替える
Section 31　FaceTimeオーディオで通話する
Section 32　着信音と通知音を調節する
Section 33　トランシーバーで通話する

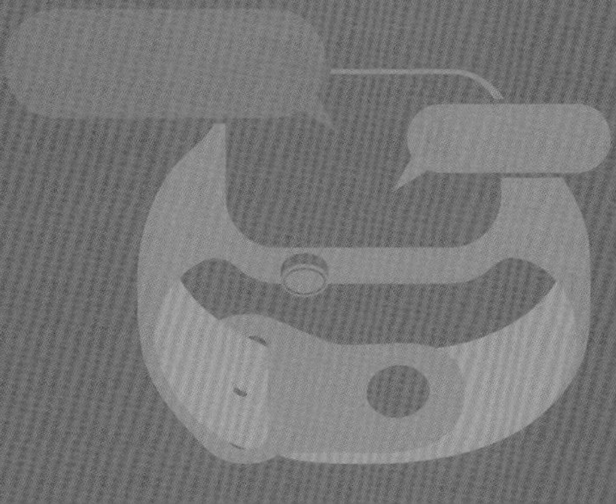

Section 20 Phone

連絡先を利用する

iPhoneに登録している連絡先は自動的にApple Watchに同期され、「連絡先」アプリから電話をかけたり、メッセージを送ったりすることができます。Apple Watchからも連絡先を作成することができるほか、連絡先の共有、連絡先の編集や削除などもできます。

連絡先を表示する

① ホーム画面でをタップして「連絡先」アプリを起動します。

② iPhoneに登録されている連絡先が表示されます。

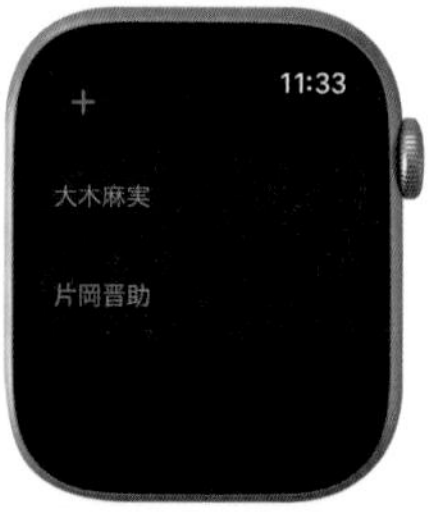

③ 手順②の画面で名前を選んでタップすると、電話をかけたりメッセージを送ったりすることができます。

④ デジタルクラウンを上方向に回すと、登録した連絡先情報が表示されます。

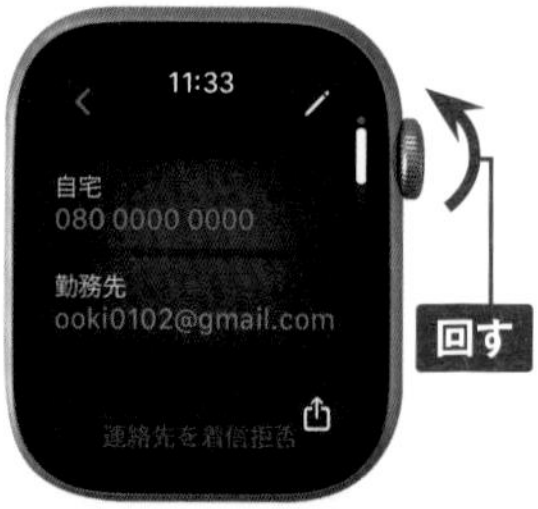

連絡先を追加する

① P.90手順②の画面で＋をタップします。

② 名前をキーボードで入力し、上方向にスワイプします。

③ ［電話］をタップします。

④ ラベルや電話番号、メールなどを設定し、✓をタップすると、連絡先が追加されます。

MEMO Apple Watchで利用できるコミュニケーション機能

Apple Watchは、初期状態で「メッセージ」「メール」「電話」「トランシーバー」などのコミュニケーション機能を持ったアプリが利用できます。
ペアリングしたiPhoneが近くにある場合は、iPhoneと同じ電話番号やメールアドレスを使用できます。メッセージを受信したときにiPhoneがロックされていると、Apple Watchに通知が届きます。
Apple WatchがWi-Fiまたはモバイル通信と接続している場合は、iPhoneが近くになかったり、iPhoneの電源が切れたりしている状態でも利用できます。

メッセージを送る

Apple Watchの「メッセージ」アプリは、Apple製の機器同士では「iMessage」が、そのほかの機器では「SMS/MMS」が使われます。メッセージはデフォルトの返信、絵文字、音声、日本語キーボード、QWERTYキーボードで作成できます。

メッセージを送信する

① ホーム画面でをタップして「メッセージ」アプリを起動します。

② をタップします。

③ 宛先を指定するために、[連絡先を追加] をタップします。

④ をタップします。下に表示されている最近のチャットリストの連絡先をタップした場合は、手順⑥の画面に進みます。

5 宛先の名前をタップし、電話番号をタップします。

6 宛先が指定されました。[メッセージを作成] をタップします。

7 [iMessage] をタップします。

8 メッセージを入力し、[確定]→[完了] の順にタップします。

9 [送信] をタップすると、メッセージを送信できます。

MEMO **デフォルトのメッセージで返信する**

手順⑦のメッセージ送信画面には、候補として、「OK」「はい」「いいえ」などといったデフォルトのメッセージが用意されています。文字を入力することなくタップするだけで相手にメッセージを送信することができます。

メッセージを読む

Apple Watchで、iPhoneに届いたメッセージを確認することができます。メッセージを読むには、「メッセージ」アプリから読む方法、受信した直後に通知から読む方法、通知センターから読む方法があります。

メッセージを読む

① ホーム画面でをタップして「メッセージ」アプリを起動します。

② メッセージをタップします。

③ メッセージの詳細が表示されます。

④ デジタルクラウンを押すと文字盤に戻ります。

●受信した直後にメッセージを読む

① メッセージを受信すると、画面中央にアイコンが表示されます。

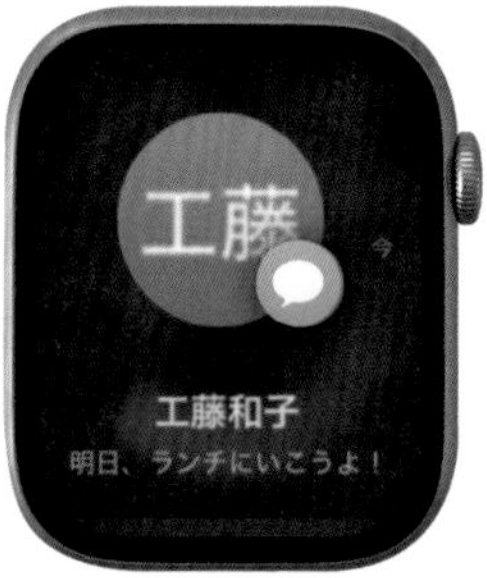

② 画面が切り替わり、メッセージが表示されます。

MEMO　メッセージに返信する

受信したメッセージに返信するには上の手順②の画面で［iMessage］（または［SMS/MMS］）をタップし、キーボードや音声でメッセージを入力するほか、デフォルトのメッセージを選択する方法もあります。

●未読のメッセージを読む

① 文字盤で画面を下方向にスワイプします。

② 未読のメッセージがある場合は、通知センターに表示されます。

③ 通知をタップすると、メッセージの詳細が表示されます。

4

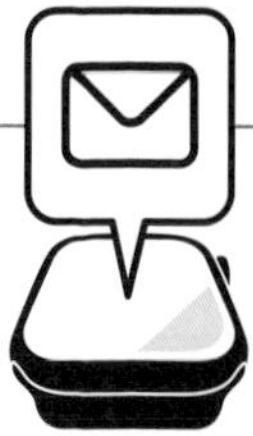

メールボックスを設定する

Apple Watchの「メール」アプリを利用すると、iPhoneで受信したメールをApple Watchでも確認することができます。Apple Watchで表示するメールボックスは、iPhoneの「Watch」アプリから設定します。

Apple Watchに表示するメールボックスを選択する

① iPhoneのホーム画面で[Watch]をタップします。

② [マイウォッチ] → [メール] の順にタップします。

③ [メールを含める] をタップします。

④ Apple Watchで確認したいメールボックスをタップして選択します。なお、メールボックスは1つ以上選択する必要があります。

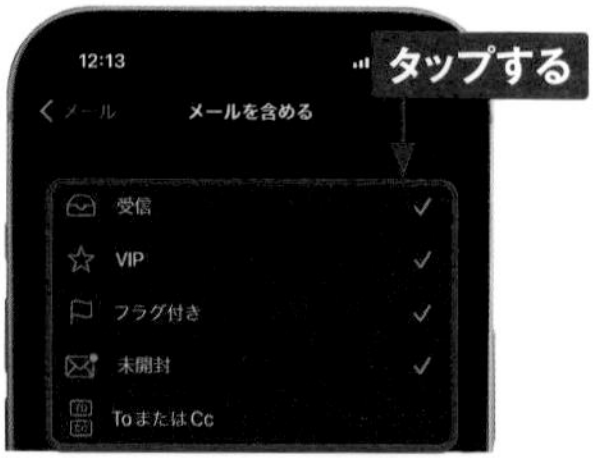

メールを送る

Apple Watchからメールを送信できます。新規作成メールは、iPhoneで利用しているメールアドレスで送信されます。返信はキーボード入力、デフォルトのメッセージ、絵文字、音声入力で作成できます。

メールを作成する

1. ホーム画面でをタップして「メール」アプリを起動します。

2. をタップします。

3. ［連絡先を追加］をタップし、送信先をタップして選択するか、音声入力します。

4. 件名やメッセージを入力し、［送信］をタップします。

Section 25 Mail

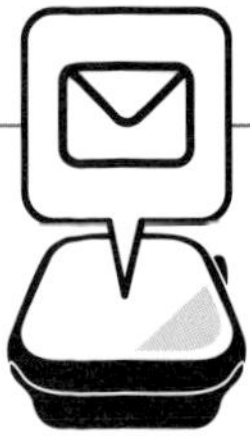

メールを読む

Apple Watchの「メール」アプリを使うと、iPhoneに届いたメールをApple Watch上で読むことができます。Sec.23で設定したメールボックスを選択してメールを確認します。

メールを読む

① ホーム画面でをタップして「メール」アプリを起動します。

② 確認したいメールボックスをタップします。

③ デジタルクラウンを上下に回して画面をスクロールし、読みたいメールをタップします。

④ メールの詳細が表示されます。をタップすると、手順③の画面に戻ります。

メールに返信する

かんたんな返事であれば、iPhoneを取り出さなくてもApple Watchから返信することができます。メールへの返信はキーボード入力、デフォルトのメッセージ、絵文字、音声入力で作成できます。

メールに返信する

① P.98手順④の画面を上方向にスワイプし、[返信]をタップします。

② [メッセージを追加]→[メッセージを追加]の順にタップします。

③ メッセージを入力し、[確定]→[完了]の順にタップします。

④ [送信]をタップします。

4

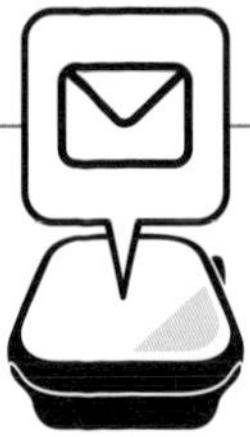

メールを削除する

受信したメールの削除も、Apple Watchから行うことができます。メールを削除するには、メールリストから選ぶ方法と、通知センターから削除する方法の2つがあります。

メールリストから選んで削除する

① ホーム画面で をタップして「メール」アプリを起動します。

② 削除したいメールをタップして本文を表示し、画面を上方向にスワイプします。

③ ［ゴミ箱に入れる］（または［メッセージをアーカイブ］）をタップします。

MEMO ゴミ箱が表示されない

手順③の画面では、メールサービスや設定によって表示が異なります。「ゴミ箱」に移動したメールは、一定時間で自動的に消去されますが、［アーカイブ］に移動したメールは消去されることなく、「すべてのメール」フォルダに保存されます。

通知センターから削除する

① 文字盤で画面を下方向にスワイプします。

② 未読のメールがある場合は、通知センターに表示されます。削除したいメールをタップします。

③ デジタルクラウンを上方向に回すか、画面を上方向にスワイプして、メールを本文の一番下までスクロールします。

④ [ゴミ箱]（または[アーカイブ]）をタップします。

MEMO メールをまとめて削除する

Apple Watchからは一度に複数のメールを削除することができません。メールをまとめて削除したいときは、iPhoneの「メール」アプリで、削除したいメールを選択して削除すると、Apple Watchにも反映されます。

Section 28 Mail

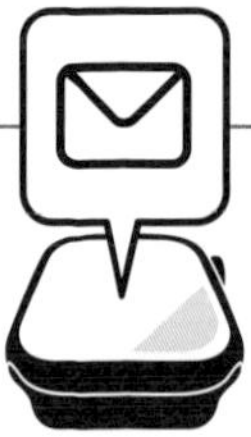

メール通知の設定を変更する

「メール」アプリで複数のメールアカウントを利用している場合、指定のメールアカウントだけを通知させることができます。また「VIP」機能を設定しておくと、重要な連絡先からのメールだけが通知されます。

指定したメールアカウントだけ通知する

iCloudメールのほかに複数のメールアカウントを使っている場合、メール通知が多くなり、わずらわしい場合があります。よく利用するアカウントだけを通知するように設定しておくと便利です。

① iPhoneのホーム画面で[Watch]をタップします。

② [マイウォッチ]をタップします。

③ 画面を上方向にスワイプし、[メール]をタップします。

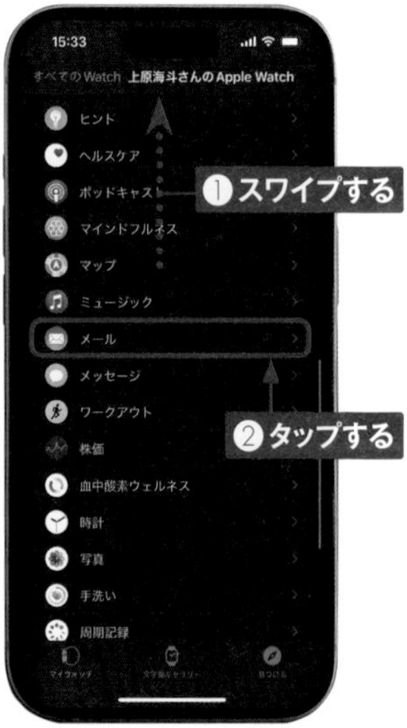

4

4 [カスタム]をタップし、[通知を許可]をタップして、設定を変更したいアカウント、またはスレッドをタップします。

5 「○○からの通知を表示」のをタップして、にします。

6 「サウンド」と「触覚」のやをタップして、通知の方法を選択します。

7 設定が完了したら、画面下部を上方向にスワイプしてiPhoneのホーム画面に戻ります。

重要なメールだけ通知する

「メール」アプリには「VIP」と呼ばれる機能が備わっていて、重要なメールのアドレスを登録することができます。VIPメールの通知をオンにしておくと、重要なメールだけがApple Watchに通知されるようになります。

① iPhoneのホーム画面で、[メール]をタップします。

② 「メールボックス」の[VIP]をタップします。

③ [VIPを追加]をタップします。

④ VIPに登録したい連絡先をタップします。

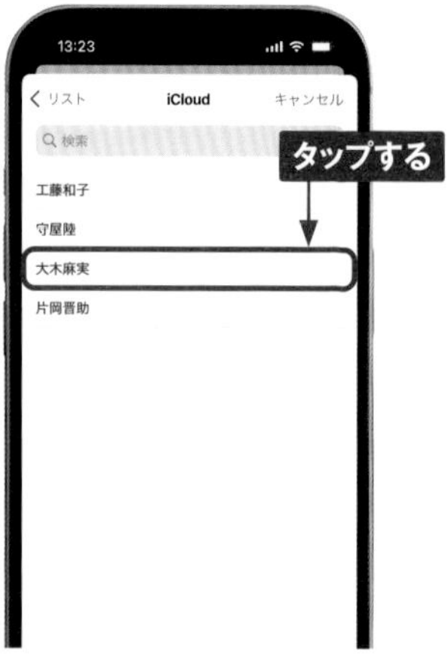

⑤ VIPに登録されます。

電話をかける

Apple Watchは、ペアリングしたiPhoneの電話番号で、電話の発着信ができます。モバイル通信契約をしたGPS+Cellularモデルであれば、iPhoneが近くになくても、Apple Watchだけで通話できます。

電話をかける

1 ホーム画面でをタップして「電話」アプリを起動します。

2 [連絡先]をタップします。

3 画面をスワイプ、またはデジタルクラウンを回して、電話をかけたい相手をタップします。

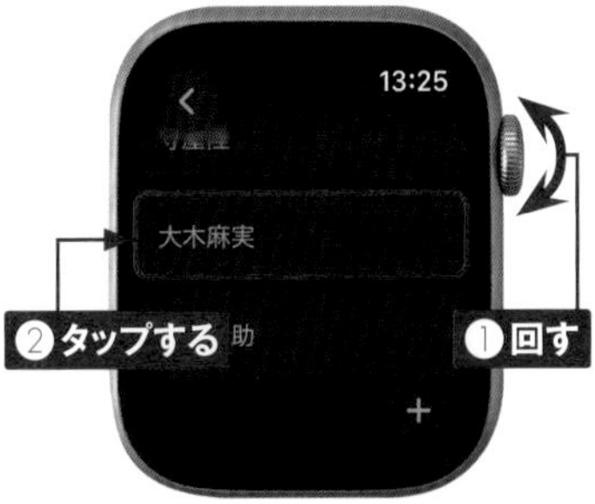

4 をタップし、相手の電話番号をタップして、電話を発信します。

ペアリングしているiPhoneに電話の着信があった場合、Apple Watchにも着信が通知されます。電話に出られない場合は、デフォルトのメッセージで返信することができます。

●電話を受ける

1 電話がかかってくると、画面に相手の名前が表示されます。をタップします。

2 相手に電話がつながり、通話が始まります。通話中にデジタルクラウンを回すと音量を調節でき、をタップするとミュートにできます。

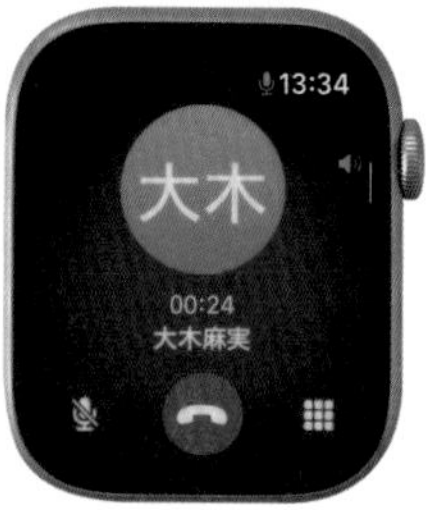

●メッセージで応答する

1 左の手順①の画面で、をタップします。

2 画面を上方向にスワイプし、メッセージをタップして選んで送信します。

4

MEMO Bluetooth対応イヤフォン接続時に電話を受ける

Appleの「AirPods」をはじめ、通話に対応したBluetoothイヤフォンとペアリング（Sec.65参照）しているときに電話を受けると、イヤフォンを利用して通話できます。上の左の手順①の画面でをタップして応答しましょう。なお、AirPodsの場合は通話中にAirPodsをダブルタップして、電話を切ることができます。

通話をiPhoneに切り替える

Apple Watchで受けた電話は、iPhoneに切り替えることができます。Apple Watchで通話中に途中でiPhoneに切り替えることもできるので、思ったよりも話が長くなりそうな場合などに利用しましょう。

受けた電話をiPhoneに切り替える

1 電話の着信がきたら、をタップします。

2 ［iPhoneで応答］をタップして、iPhoneの画面を確認します。

3 iPhoneの画面で、を右方向にスライドすると、電話に応答できます。

MEMO

画面を手で覆うと着信音を消せる

Apple Watchには、iPhoneのようにマナーモードのスイッチや音量ボタンがありませんが、着信中に画面を手で覆うようにすると、着信音を消すことができます。iPhoneにも反映されるので、マナーモードを切り忘れたときでも安心です。

Section 31 FaceTime

FaceTimeオーディオで通話する

相手がiPhoneやiPadなどであれば、「FaceTimeオーディオ通話」で通話することができます。モバイル通信を利用するので、通話料金はかかりません。事前にiPhoneの「設定」アプリで「FaceTime」アプリを有効にしておきます。

「電話」アプリからFaceTimeオーディオ通話をかける

① P.105手順④の画面で［FaceTimeオーディオ］をタップします。

② FaceTimeオーディオ通話が開始されます。をタップします。

③ 通話に招待したい人を追加することができます。電話番号を入力する、送信先を選択する、音声入力する方法があります。

MEMO グループ通話をする

上の手順③の方法のほか、すでにほかの人が通話に参加している場合は［〇人が参加中］をタップして、画面下部のをタップし、連絡先を選択することでも参加者を追加できます。

「メッセージ」アプリからFaceTimeオーディオ通話をかける

① P.94手順①～②を参考にFaceTimeオーディオ通話をかけたい相手との送受信画面を表示します。

② 画面を上方向にスワイプし、[FaceTimeオーディオ]をタップすると発信されます。

FaceTimeオーディオ通話を受ける

① FaceTimeオーディオ通話がかかってくると、画面に「FaceTimeオーディオ」と表示されます。をタップします。

② 相手にFaceTimeオーディオ通話がつながり、通話が始まります。左の手順①の画面でをタップすると、メッセージで応答することもできます。

4

着信音と通知音を調節する

電話やメッセージ、アラームなどの着信音や通知音は、音の大きさを調節したり消音にしたりしてカスタマイズすることができます。音量だけでなく、振動の強さも調節することができます。

着信音と通知音をオフにする

① ホーム画面で をタップして「設定」アプリを起動します。

② 画面を上方向にスワイプし、[サウンドと触覚]をタップします。

③「消音モード」の をタップして、 にします。

④ デジタルクラウンを押すと文字盤に戻ります。

着信音と通知音を調節する

① P.110手順③の画面で、◀をタップすると音量を小さく、◀))をタップすると音量を大きくすることができます。

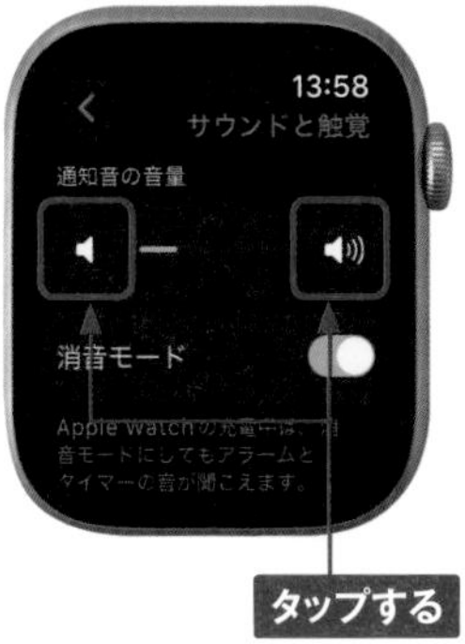

② 一度◀か◀))をタップしたあとにデジタルクラウンを回すことでも、音量を調節できます。

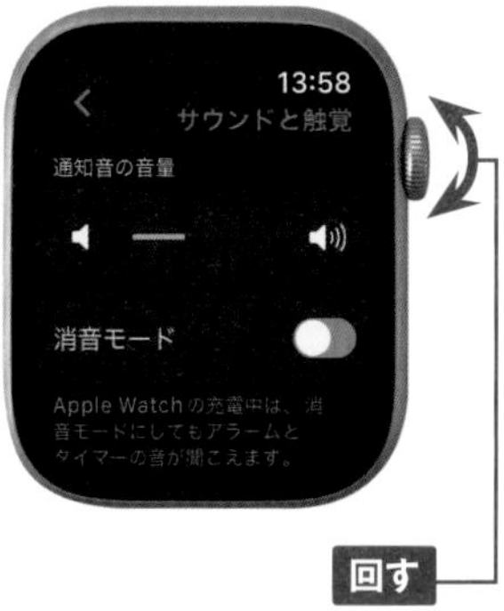

振動を調節する

① P.110手順③の画面で、画面を上方向にスワイプします。

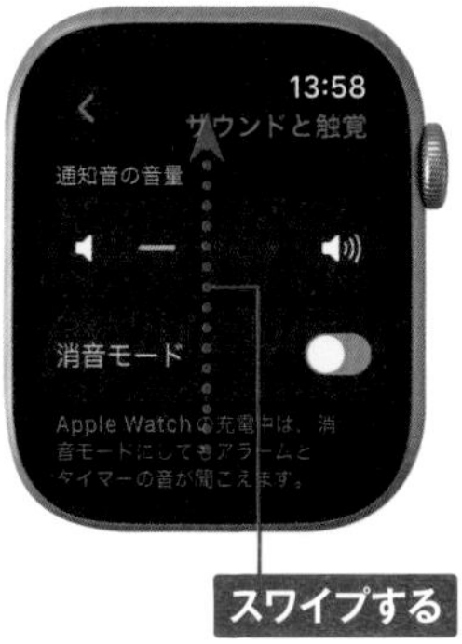

② 「触覚」の「触覚による通知」が◯であることを確認し、[デフォルト]または[はっきり]をタップして設定します。

4

トランシーバーで通話する

相手がApple Watchを所有していてWi-Fiに接続中またはiPhoneとペアリング中なのであれば、「トランシーバー」で通話することができます。事前にiPhoneの「設定」アプリで「FaceTime」アプリを有効にしておきます。

トランシーバーを利用する

① ホーム画面で◙をタップして、「トランシーバー」アプリを起動します。

② 画面を上方向にスワイプし、通話したい友達をタップします。

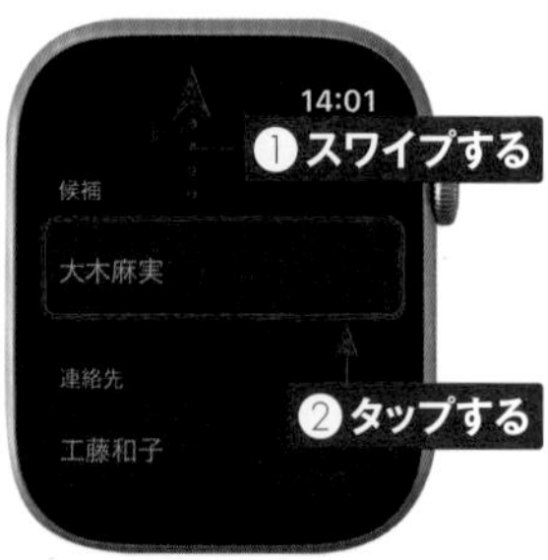

③ 通話したい相手をタップすると相手に参加依頼が届くので、受け入れてくれるまで待ちます。

④ [タッチして押さえたままで話します]をタッチ（長押し）したまま話しかけ、話し終わったら指を離します。

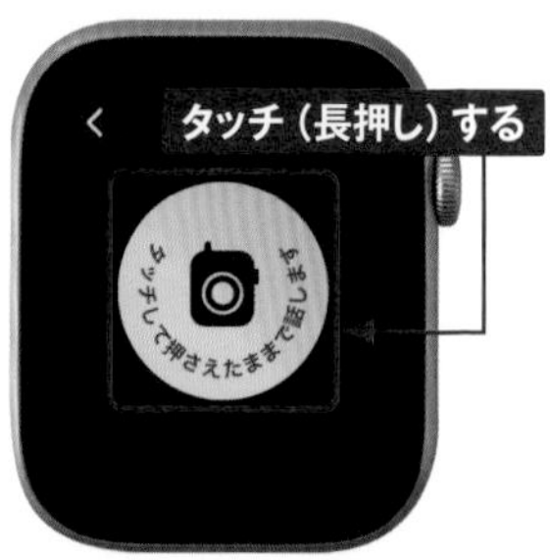

Chapter 5

運動を管理する

Section 34　アクティビティアプリでできること
Section 35　アクティビティの利用を始める
Section 36　アクティビティのムーブを利用する
Section 37　アクティビティの通知を設定する
Section 38　iPhoneでアクティビティを確認する
Section 39　アクティビティを共有する
Section 40　ワークアウトアプリを利用する
Section 41　ワークアウトの表示を設定する
Section 42　ワークアウトのゴールを設定する
Section 43　ワークアウト中のバッテリー消費を抑える
Section 44　ワークアウトの結果を見る
Section 45　iPhoneでバッジを確認する
Section 46　コンパスを利用する

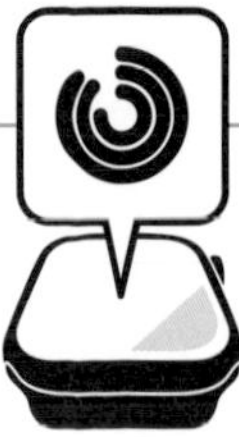

アクティビティアプリでできること

Apple Watchの「アクティビティ」アプリは、日々の活動を記録することができます。また、目標を設定し、その目標を達成すると、成果としてバッジを獲得することもできます。

アクティビティとは

Apple Watchの「アクティビティ」アプリでは、「ムーブ」（運動によるカロリー消費）、「エクササイズ」（早歩き以上の運動をした分数）、「スタンド」（椅子から立ち上がった回数）を記録し、それぞれの進捗を3色のリングでわかりやすく表示します。設定した目標の達成度によって、励ましの言葉などが表示されるので、目標達成に対する意欲向上に役立ちます。毎日3色のリングを完成させて、健康的な生活を目指しましょう。なお、長期間の記録はiPhoneの「フィットネス」アプリと「ヘルスケア」アプリに保存されます。

「アクティビティ」アプリでは、「ムーブ」「エクササイズ」「スタンド」の3項目を計測できます。リングの赤は「ムーブ」、緑は「エクササイズ」、青は「スタンド」の達成度を表しています。3色のリングがすべて一周すると、1日の目標達成です。

文字盤を「アクティビティデジタル」や「アクティビティアナログ」にするか、文字盤の「コンプリケーション」（P.54参照）に「アクティビティ」を設定すると、文字盤でアクティビティの進捗状況を確認することができます。

アクティビティの画面の見方

3つの項目の進捗がリングで表示されます。
・「ムーブ」運動によるカロリーの消費
・「エクササイズ」早歩き以上の運動をした分数
・「スタンド」1時間に1分以上立っていた回数

上方向にスワイプ

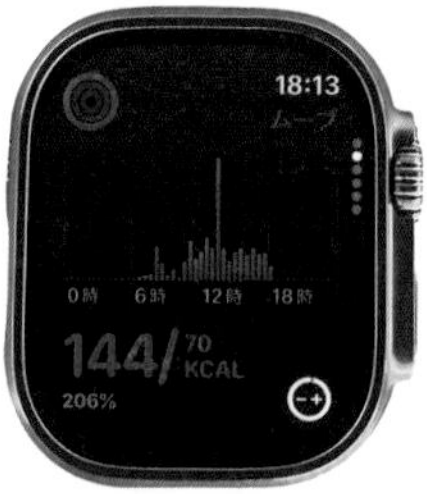

上方向にスワイプ

その日の運動量が3つの項目ごとに順に表示されます。それぞれのゴールは変更することができます(P.119参照)。

「歩数」「距離」「上った階数」が計測されます。

5

MEMO 車椅子の設定

車椅子の設定がオンの場合、歩数ではなくプッシュ数がカウントされます。「アクティビティ」アプリの「スタンド」の青いリングは「ロール」に切り替わり、車椅子で1時間に1分以上動き回った回数が表示されます。記録は「フィットネス」アプリと「ヘルスケア」アプリに保存されます。

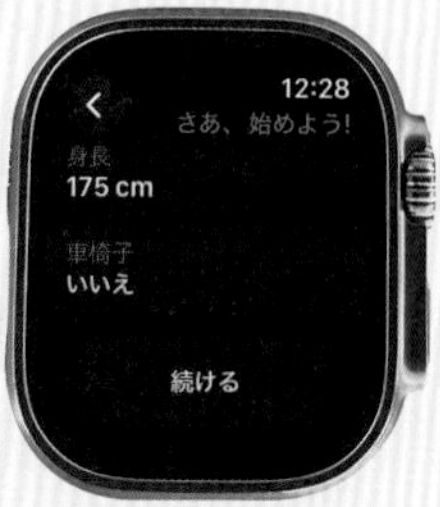

Section 35 Activity

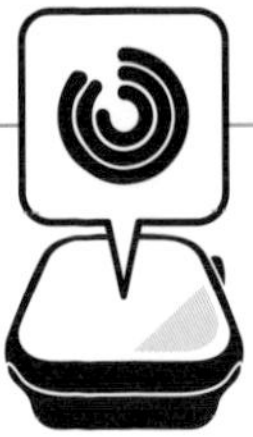

アクティビティの利用を始める

Apple Watchで「アクティビティ」アプリを初めて利用するときは、正しく計測を行うために年齢や体重などの初期設定が必要です。ここでは設定方法を解説します。

アクティビティを始める

① ホーム画面で◎をタップして「アクティビティ」アプリを起動します。

② 画面を上方向にスワイプします。

③ 「ムーブ」の説明画面をさらに上方向にスワイプし、「エクササイズ」と「スタンド」の説明を読みます。

ティブカロリーを消費し、
目標を達成しましょう。
スワイプする

④ [さあ、始めよう!] をタップします。

エクササイズ。
スタンド。リングを毎日
完成させましょう。
タップする

5 「あなたの情報を教えてください」と表示されたら、画面に従って「性別」「年齢」「体重」「身長」「車椅子」をタップし、デジタルクラウンを上下に回して設定します。

6 必要事項を入力したら、［続ける］をタップします。

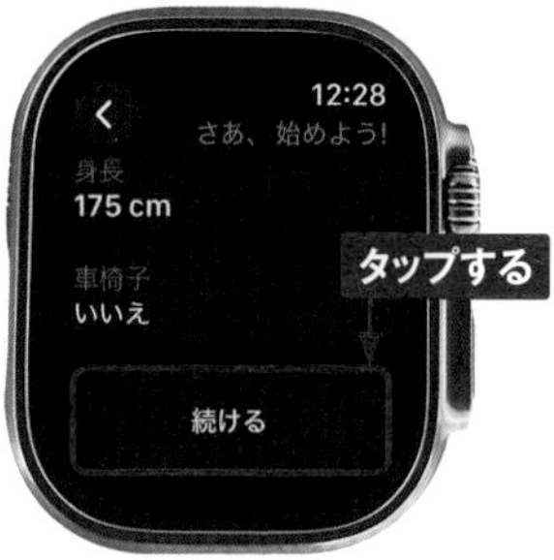

7 「通常、あなたはどれくらいアクティブですか?」と表示されるので、該当するものをタップします。

8 デジタルクラウンを回すか、−や+をタップしてカロリーを設定し、［次へ］をタップして、エクササイズとスタンドの時間を設定します。

MEMO

iPhoneから設定する

アクティビティの初期設定は、Apple Watchとペアリングした iPhoneからも行うことができます。iPhoneで［Watch］→［マイウォッチ］→［ヘルスケア］→［ヘルスケアの詳細］の順にタップし、［編集］をタップして、「生年月日」「性別」「身長」「体重」「車椅子」を入力します。

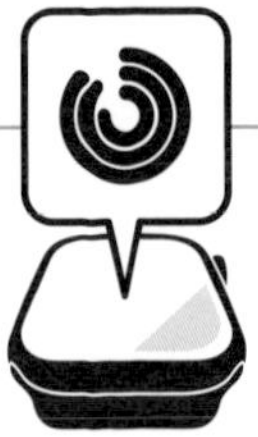

アクティビティの
ムーブを利用する

「アクティビティ」アプリの「ムーブ」は、通勤・通学時の歩行や腕の上げ下げなど、日常生活での運動による消費カロリーを計測します。「ムーブ」は赤色のリングで表示されます。

アクティブ消費カロリーを計測する

① 3色のリングのうち、いちばん外側の赤色の矢印が「ムーブ」のグラフです。

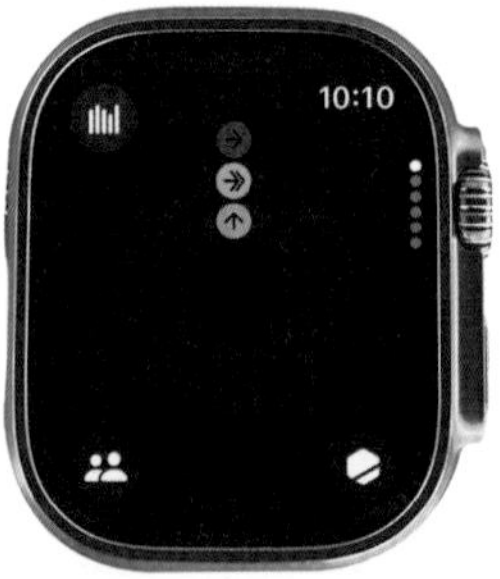

② その日のゴールを達成すると、リングが完成します。

③ 手順①の画面を上方向にスワイプすると、「ムーブ」「エクササイズ」「スタンド」ごとに消費カロリーの進捗や時間別の棒グラフを確認できます。

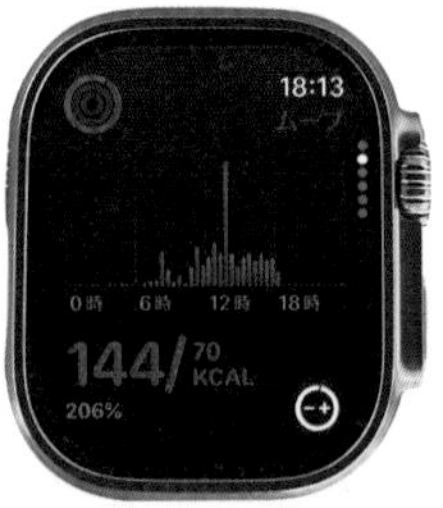

④ さらに上方向にスワイプすると、「歩数」や「距離」「上った階数」の表示に切り替わります。

ムーブゴールを変更する

① ホーム画面でをタップして「アクティビティ」アプリを起動します。

② 画面を上方向にスワイプして、をタップします。

③ デジタルクラウンを回すか、やをタップして1日のムーブゴールを調整し、[設定]をタップします。

④ 設定が完了しました。ホーム画面に戻るには、デジタルクラウンを押します。

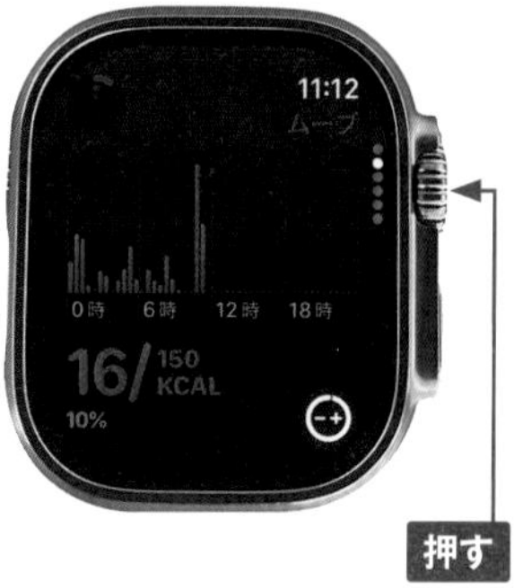

MEMO **ムーブゴールの設定下限**

手順③の画面でムーブゴールを設定できるのは、10キロカロリー以上の数値です。なお、「エクササイズ」「スタンド」のゴールも変更できます。

アクティビティの通知を設定する

「アクティビティ」アプリは、1日を通じて自分の運動が記録されます。設定した目標（ゴール）に達成すると通知で知らされるほか、各リングの進捗状況に応じてどうすればリングを閉じることができるか提案したり、励ましたりします。通知する項目はiPhoneで設定できます。

通知を確認する

① 文字盤を表示して、画面を下方向にスワイプします。

② アクティビティからはいろいろな通知が届きます。確認したい通知をタップします。

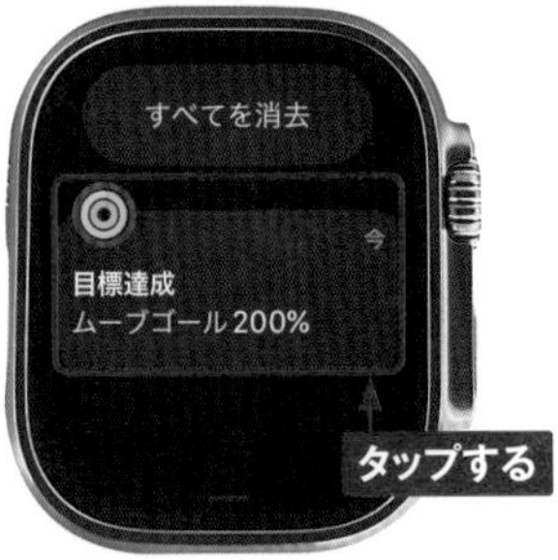

③ ゴールを達成すると通知が表示されます。画面を上方向にスワイプします。

④ 成果で獲得したバッジが表示されます。

5

アクティビティの通知設定を変更する

① iPhoneのホーム画面で[Watch]をタップします。

② [マイウォッチ]をタップして上方向にスワイプし、[アクティビティ]をタップします。

③ 通知のオン・オフを切り替えることができます。ここでは「スタンドリマインダー」のをタップします。

④ 「スタンドリマインダー」の通知がになり、Apple Watchに通知されなくなります。

5

Section 38 Activity

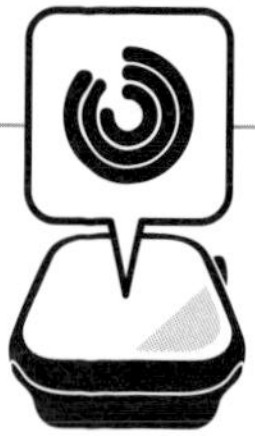

iPhoneで アクティビティを確認する

iPhoneの「フィットネス」アプリには、過去のアクティビティのデータが保存されています。日ごとの達成度がひと目でわかるため、モチベーションの維持にも役立ちます。

アクティビティのデータをiPhoneで確認する

① iPhoneのホーム画面で［フィットネス］をタップします。

② 今日のアクティビティデータを確認できます。「アクティビティ」の下の概要をタップします。

③ 上部に1週間のデータが表示され、上方向にスワイプすると、「ムーブ」「エクササイズ」「スタンド」の各項目ごとの進捗を、棒グラフで確認できます。

④ 最下部までスワイプすると、ワークアウトの進捗、歩数と移動距離、上った階数などが表示されます。

5 をタップすると、ひと月ごとのデータを確認することができます。

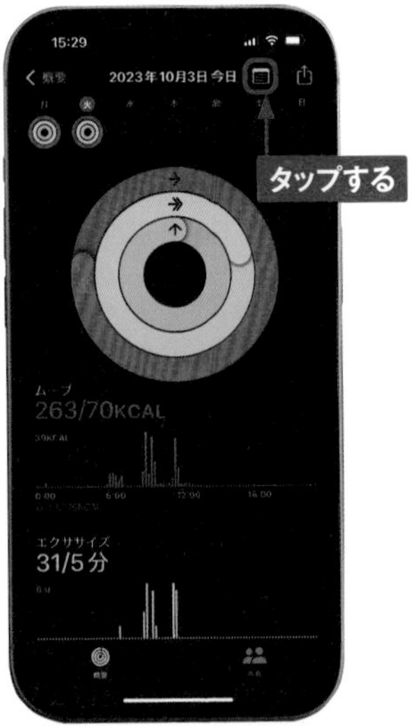

6 日付をタップすると、その日のデータを確認できます。

7 上方向にスワイプします。

8 ワークアウトのデータを確認できます。「ワークアウト」には、その日に実行したワークアウト一覧が表示されます。

5

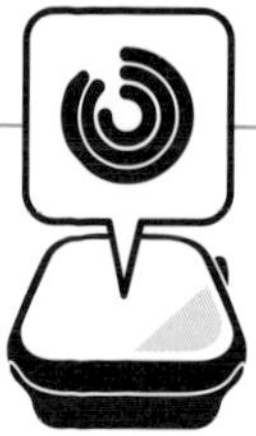

アクティビティを共有する

アクティビティのデータは、家族や友人と共有できます。友達がゴールを達成したり、バッジを獲得したりすると通知を受け取ることができるほか、スコアを競うこともできます。

友達を追加する

① iPhoneのホーム画面で［フィットネス］をタップします。

② ［共有］→［はじめよう］の順にタップします。

③ 画面右上の■→［友達に参加依頼］の順にタップします。

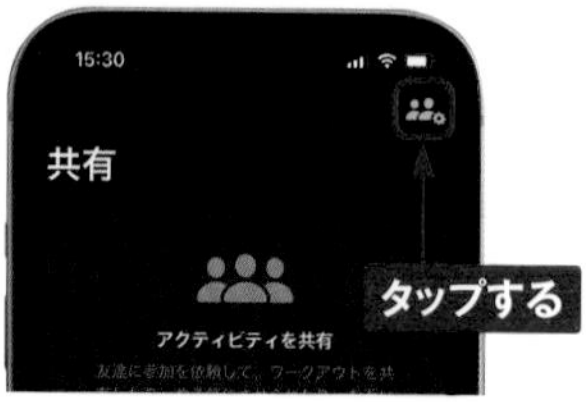

④ 友達の名前やメールアドレスを入力して、［送信］→［完了］の順にタップします。友達が参加依頼を承認すると、友達のアクティビティが表示され、友達もあなたのアクティビティを見られるようになります。

5

友達の進捗状況を確認する

1 ホーム画面で◎をタップして「アクティビティ」アプリを起動します。

2 👥をタップします。

3 デジタルクラウンを上下に回すと、友達リストをスクロールできます。

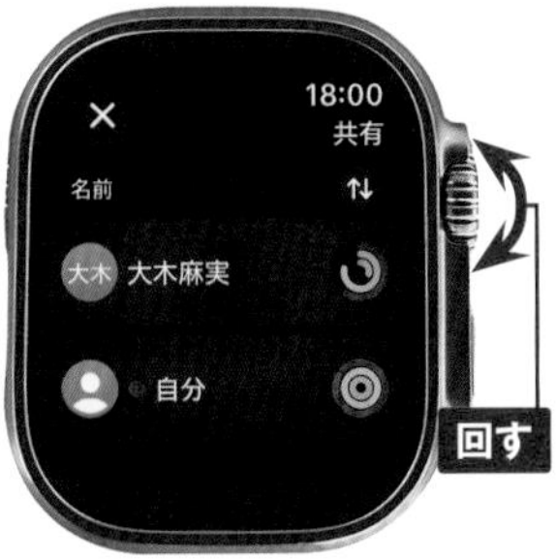

4 名前をタップすると、その友達のデータを確認できます。

MEMO アクティビティの成果を友達と競争する

友達とアクティビティを共有すると、7日間の競争を挑むことができます。この競争では、完成させたアクティビティリングの割合をもとにポイントが加算され、友達と自分のどちらが優勢かを通知によって知ることができます。

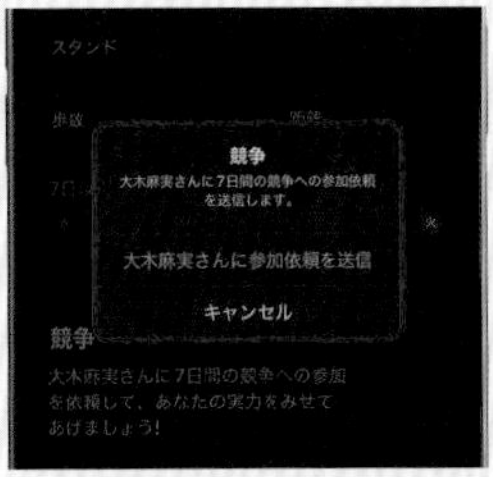

Section 40 Workout

ワークアウトアプリを利用する

「ワークアウト」アプリでは、さまざまな運動の継続時間や距離、消費カロリーなどを記録することができます。ワークアウトの記録は「フィットネス」アプリで確認することができます。

利用できる主なワークアウト

ウォーキング	トレッドミルで歩くときや、屋内トラックや屋内施設など、屋内で歩くときに選択します。
ランニング	トレッドミルでランニングするなど、屋内でランニングする場合に選択します。
サイクリング	スピンクラスに参加する、エアロバイクを漕ぐなどの場合は「インドアバイク」を、戸外で自転車に乗る場合は「サイクリング」を選択します。
エリプティカル	エリプティカルマシンと呼ばれるエクササイズマシンを使う場合や、似たような運動をする場合に選択します。
ローイング	ローイングマシンを使う場合や、似たような運動をする場合は、「ローイング」を選択します。
ステアステッパー	ステアステッパーマシンを使う場合は、「ステアステッパー」を選択します。
HIIT	短時間の休憩（リカバリータイム）を挟みながらエクササイズを集中的にくり返し行う場合は、「HIIT」を選択します。
ハイキング	「ハイキング」を選択すると、ペース、距離、上昇した高度、消費カロリーが計測されます。ワークアウト中は、どの程度の高さまで登ったかをリアルタイムで確認できます。
ヨガ	ヨガのワークアウトを記録する場合に選択します。
機能的筋力トレーニング	ダンベルなどの小さな機器を使う場合や、機器を使わずに行う場合に選択します。
ダンス	ダンスのスタイルを問わず、フィットネス目的でダンスをする場合に選択します。
クールダウン	別のワークアウトが終わったあとに、軽い動きやストレッチなどで疲労回復する場合に選択します。
コアトレーニング	腹筋や背筋を鍛えるエクササイズをする場合に選択します。
ピラティス	体幹を鍛え、全身の柔軟性を高めるマシンピラティスやマットピラティスを行う場合に選択します。
太極拳	中国武術の太極拳をベースとした、瞑想効果の高いゆっくりとした全身運動をする場合に選択します。
スイミング	選択後にワークアウトが始まったら、水滴がタップとして誤認されないように、画面が自動的にロックされます。

5

ワークアウトを行う

1 ホーム画面で🏃をタップして「ワークアウト」アプリを起動します。

2 行いたい運動の…をタップします。

3 ゴールの種類（ここでは［フリー］）をタップします。

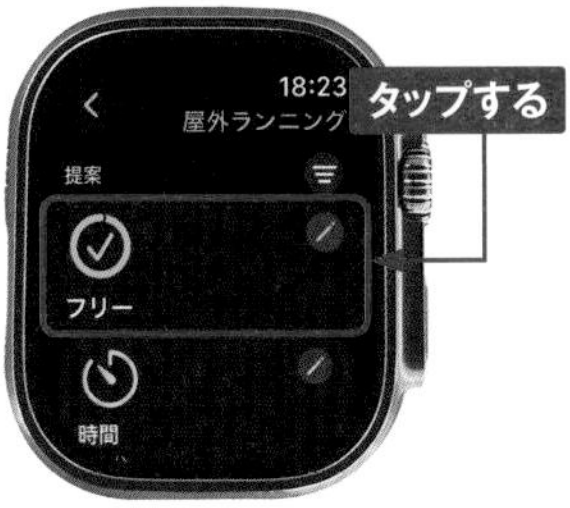

4 カウントのあとに、ワークアウトが始まります。画面を右方向にスワイプします。

5 ［終了］→［ワークアウトを終了］の順にタップするとワークアウトが完了します。

6 「概要」画面でワークアウトの内容を確認できます。

ワークアウトの表示を設定する

ワークアウト中の表示は、実行するワークアウト（P.126参照）によって異なります。表示する情報は、自分が行うワークアウトに合わせて、自由にカスタマイズすることができます。

ワークアウトの表示を編集する

1. P.127手順②の画面で···をタップします。

2. 画面を上方向にスワイプし、［環境設定］をタップします。

3. ［屋外ランニング ワークアウト表示］をタップします。

4. 屋外ランニングの場合、「測定基準」「心拍数範囲」「スプリット」などの表示を設定できます。

5 ワークアウト中に表示したい画面下にある「含める」の をタップして にすると、ワークアウト中の表示に追加されます。

6 ワークアウト中の表示に追加されます。

MEMO

ワークアウトを追加する

P.128手順①の画面で上方向にスワイプし、[ワークアウトを追加] をタップすると「テニス」「バスケットボール」「サイクリング」といったワークアウトを選択できるようになります。運動内容に合う種類のワークアウトが見つからなかった場合は、[その他] をタップします。

MEMO

ワークアウト中に項目状況を確認する

ワークアウト中にどの程度運動したか、項目状況を確認するには、手首を上げてP.127手順④の画面で上方向にスワイプします（またはデジタルクラウンを上方向に回す）。ワークアウトの種類に応じて、「心拍数範囲」「ランニングパワー」「セグメント」「スプリット」「高度」「アクティビティリング」といった情報を含めることができます。

●ランニングワークアウト

「屋外ランニング」ワークアウトでは、現在の心拍数や平均ペース、距離などのほか、ランニングフォームを測定できるさまざまな指標があります。P.128手順③～P.129手順⑤を参考に、表示項目を「含める」に設定することでワークアウト中に確認できます。ランニングフォームの測定基準には、次のような項目があります。

・上下動：ランニング中に胴体が上下に動く量
・接地時間：ランニング中に足が地面に接している時間の長さ
・歩幅の長さ：ランニングの1歩あたりの移動距離
・ランニングパワー：ランニング中に行うワークの出力
・心拍数範囲
・高度

「測定基準2」では「上下動」「歩幅の長さ」「接地時間」をそれぞれ計測します（Series6以降とUltra/Ultra2のみ）。ランニングフォームやピッチを維持するのに役立ちます。

「パワー」ではランニング中の強度が反映されます（ランニングパワー）。走る速さや傾斜が変わったときの力の入り具合が分かります。

「心拍数範囲」ではランニング中の強度レベルが分かります。

「高度」ではランニング中の高度が表示されます。

ワークアウトのゴールを設定する

ワークアウトはフリーで始めることもできますが、ワークアウトによってはゴールを設定することができます。目標を決めて運動したいときに設定するとよいでしょう。経過時間やペース、進捗も確認できるので、効率的に体を動かすことができます。

ワークアウトのゴールを設定する

1 P.127手順③の画面で上方向にスワイプし、「距離」の■→［距離］の順にタップします。

2 デジタルクラウンを回して「距離」のゴールを設定し、［完了］をタップします。

3 手順①の画面で「キロカロリー」や「時間」の■や■をタップすると、同様に「キロカロリー」や「時間」のゴールを設定できます。

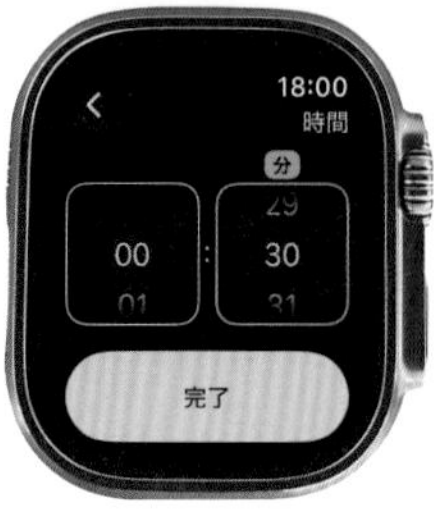

ゴールまでの進捗を確認する

① P.131手順②の画面のあと、画面を上方向にスワイプし、[ワークアウトを開始]をタップします。

② ゴールまでの進捗を数字と円グラフで確認できます。画面を右方向にスワイプします。

③ [終了]→[ワークアウトを終了]の順にタップすると、ワークアウトが終了します。[一時停止]をタップすると、計測が一時中断します。

④ 中断したワークアウトを再開するには、手順③の画面を表示して、[再開]をタップします。

MEMO

ワークアウトの自動検出

「ワークアウト」アプリを起動していなくても、「ウォーキング」や「ランニング」など一部のワークアウトは運動中であることをApple Watchが感知して、「ワークアウト」アプリを起動するように通知されます。起動するとすでに運動した分についてのデータも加算されます。また、クールダウン中にワークアウトを終了するようリマインドする通知を受け取ることもできます。

Section 43 Workout

ワークアウト中のバッテリー消費を抑える

ワークアウトを始めると、自動的に低電力モードがオンになるように設定することができます。低電力モード中は一部の機能が利用できなくなりますが、バッテリーの消費を抑えることが可能です。

ワークアウト中の電力を節約する

① iPhoneのホーム画面で[Watch]をタップします。

② [マイウォッチ]→[ワークアウト]の順にタップします。

③ 「低電力モード」の をタップします。

④ ワークアウト中に低電力モードが自動的にオンになります。心拍数や歩数などの数値は継続して測定されます。

5

Section 44 Workout

ワークアウトの結果を見る

ワークアウトが終了したら、ワークアウトの結果を確認しましょう。その日の気候や距離、平均心拍数など、記録したデータを保存して、次回のワークアウトに活かすことができます。

ワークアウトの記録を確認する

1 ゴールに達すると通知が表示されますが、計測はそのまま継続されます。

2 ワークアウトを終了するには、画面を右方向にスワイプします。

3 [終了]をタップします。

MEMO ワークアウトを調整する

「ウォーキング」または「ランニング」のワークアウトを行う前に、Apple Watchを装着しながら約20分間、屋外でウォーキングすると、Apple Watchが調整され、測定の精度が上がります。

4 ワークアウトの「概要」画面が表示されます。画面を上方向にスワイプします。

5 ワークアウトの詳細な記録を確認できます。さらに画面を上方向にスワイプします。

MEMO ジムのフィットネス機器と連携する

iPhoneで［Watch］→［マイウォッチ］→［ワークアウト］の順にタップし、「フィットネス機器を検出」をオンにしておくと、GymKit対応のマシンとApple Watchをペアリングできます。データが共有されてマシンでのワークアウトの結果をマシンとApple Watchの画面で確認できます。

6 ×をタップするとワークアウトが保存されます。ワークアウトの結果はあとからiPhoneで確認することもできます（P.123手順⑧参照）。

7 ワークアウトを終了してホーム画面に戻るには、デジタルクラウンを押します。

MEMO 週ごとの概要を確認する

「アクティビティ」アプリを起動し、画面を上方向にスワイプして［週ごとの概要］をタップすると、1週間分の消費カロリー数や歩数、移動距離、上った階数の合計を確認することができます。

iPhoneでワークアウトのデータを確認する

① iPhoneで「フィットネス」アプリを起動し、［概要］をタップしてデータを確認したいワークアウトをタップします。

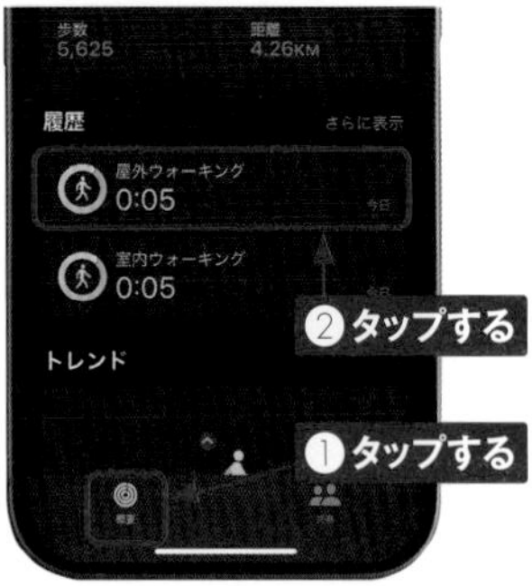

② 「ワークアウトの詳細」などが表示されます。各項目の［さらに表示］をタップすると、より細かい情報を確認できます。

③ 「ワークアウトの詳細」画面が表示されます。「屋外ウォーキング」や「屋外ランニング」など一部のワークアウトでは、経路のほか、高度や心拍数、ペースなども確認できます。

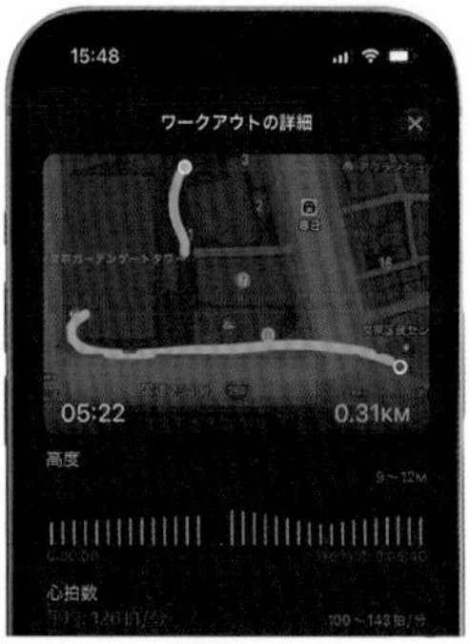

MEMO 経路を正しく表示する

「ワークアウトの詳細」画面で経路を表示するには、経路追跡をオンにしている必要があります。P.180MEMOを参考に「位置情報サービス」画面を表示し、［Apple Watchワークアウト］→［このAppの使用中］の順にタップしてチェックを付けます。このときに「正確な位置情報」がになっているかも確認しましょう。

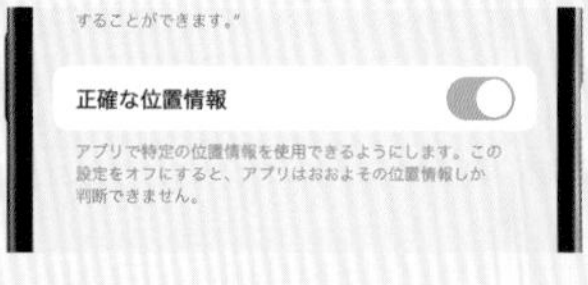

iPhoneで バッジを確認する

アクティビティやワークアウトで目標を達成すると、「バッジ」を獲得することがあります。獲得したバッジはiPhoneの「フィットネス」アプリで確認できるほか、ほかの人と共有することもできます。

獲得したバッジをiPhoneで確認する

1 iPhoneのホーム画面で[フィットネス]をタップします。

2 画面を上方向にスワイプし、「バッジ」の[さらに表示]をタップします。

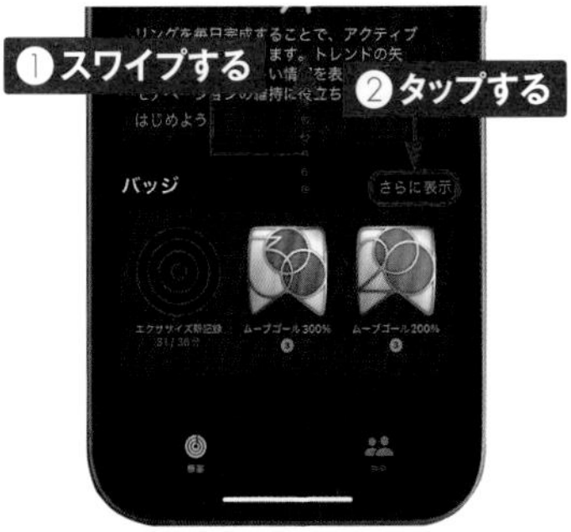

3 バッジの一覧が表示されます。詳細を確認したいバッジをタップします。

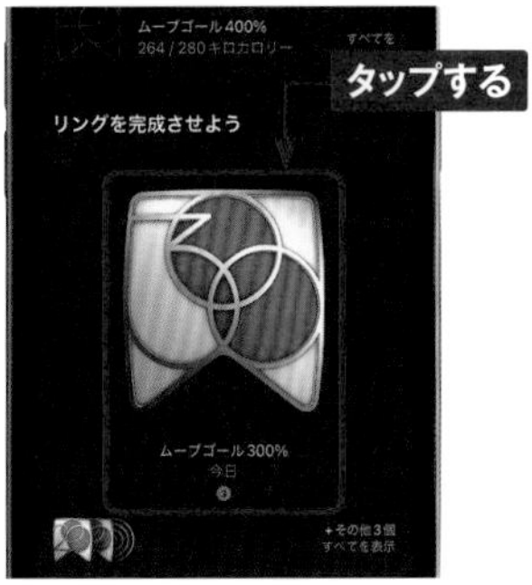

MEMO Apple Watchでバッジを確認する

バッジを獲得すると、Apple Watchに通知が届くので、[バッジを表示]をタップすると、獲得したバッジの詳細を確認できます。過去に獲得したバッジは、iPhoneとApple Watchの「アクティビティ」アプリから確認できます。

④ バッジの詳細と獲得日が表示されます。

⑤ まだ獲得していないバッジの獲得方法を確認したい場合は、P.137手順③の画面で［すべてを表示］をタップし、獲得前のバッジをタップします。

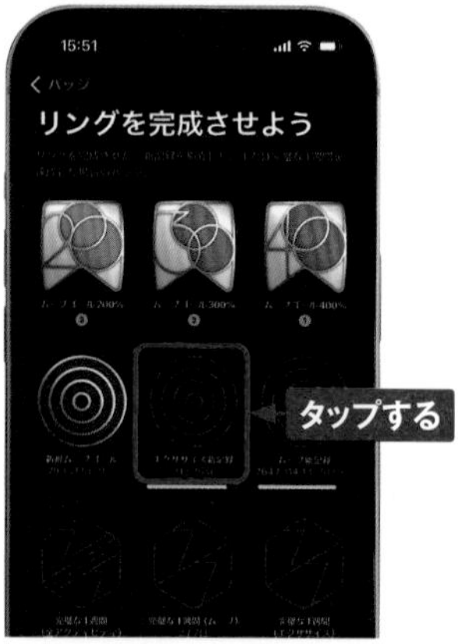

⑥ 選択したバッジの獲得方法と今日までの進捗を確認できます。

MEMO **獲得したバッジを共有する**

手順④の画面で右上の をタップすると、獲得したバッジをメッセージ、メール、SNSで共有することができます。

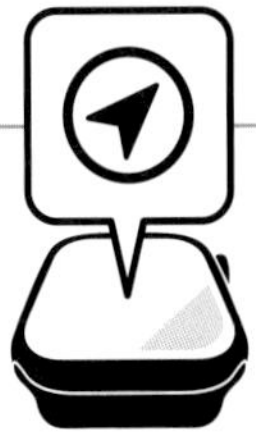

コンパスを利用する

「コンパス」アプリでは、向いている方角をはじめ、高度、傾斜なども表示可能です。また、Series6以降とUltra/Ultra2/SE/SE2では、現在地をコンパスウェイポイントとして追加したり、足取りをたどったりすることができます。

方角や傾斜、経度緯度、高さを表示する

1. ホーム画面でをタップし、「コンパス」アプリを起動します。初回起動時は［OK］をタップします。

2. 文字盤の上に方角が表示されます。デジタルクラウンを下方向に回します。

3. 大きなコンパスの針と方角が表示されます。デジタルクラウンを上方向に2回回します。

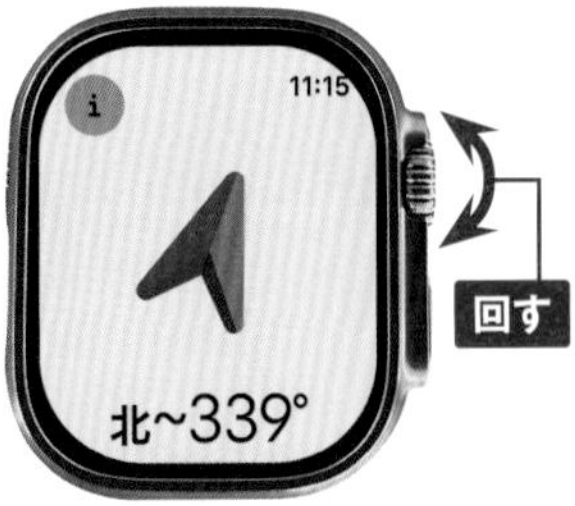

4. 傾斜や緯度経度、高度が表示されます。デジタルクラウンを下方向に回し続けると、手順②の画面まで戻ります。

コンパスウェイポイントを記録する

ウェイポイントとは、経路上の地点情報のことです。「コンパス」アプリでは、現在地のウェイポイントを記録して、ウェイポイント間の距離や方向を調べることができます。

① P.139手順②の画面で をタップします。

② をタップしてウェイポイントを記録します。「シンボル」「カラー」なども設定できます。

③ 移動しながらウェイポイントを追加します。ウェイポイントを確認するには をタップします。

④ これまでに記録したウェイポイントが表示されます。ウェイポイントを選んでタップし、[選択]をタップします。

⑤ 現在地からウェイポイントへの距離や方向が表示されます。 をタップします。

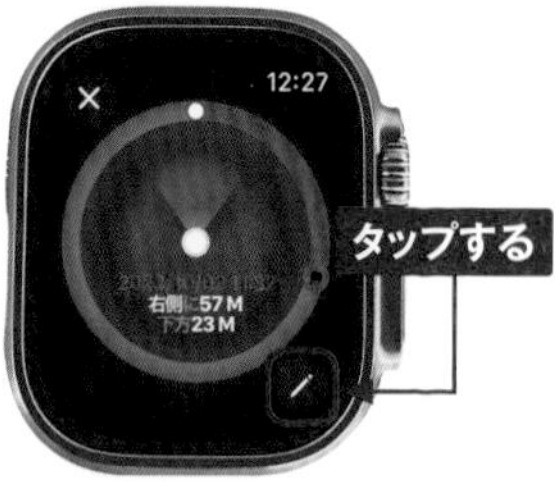

⑥ 手順②の画面が表示されます。上方向にスワイプするとウェイポイントの座標を確認できます。

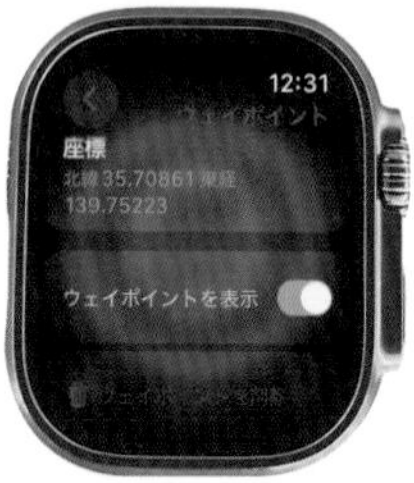

バックトレースで足取りをたどる

「コンパス」アプリでバックトレースを記録しておくと、道に迷ったときなどに、これまでの足取りをたどることができます。

1 P.139手順②の画面で をタップします。初回起動時は[開始]をタップします。

2 バックトレースの記録が始まります。

3 出発地点に戻る場合は、 をタップします。

4 [足取りをたどる]をタップします。

5 出発地点の方向が で示されます。白い線をたどると、出発地点まで戻れます。

6 出発地点に到着したら、手順⑤の画面で右下の をタップし、[足取りを削除]をタップします。

MEMO

ダイビングコンピュータアプリ

Ultra/Ultra2に「OCEANIC+」アプリをインストールすると、ダイビングコンピュータとして利用することができます。ダイビングコンピュータとは、潜水時に水深、潜水時間、水温、無減圧潜水時間（その水深での滞在制限時間）などを知るための機材です。特に無減圧潜水時間は、減圧症にかからないために、スキューバダイビングでは常に意識する必要があります。「OCEANIC+」アプリは、無減圧潜水時間を超過したり、急浮上したときには、画面のフラッシュと手首への振動で警告します。また、水面浮上前の“安全停止”時間を画面のカウントダウンと振動で知らせます。

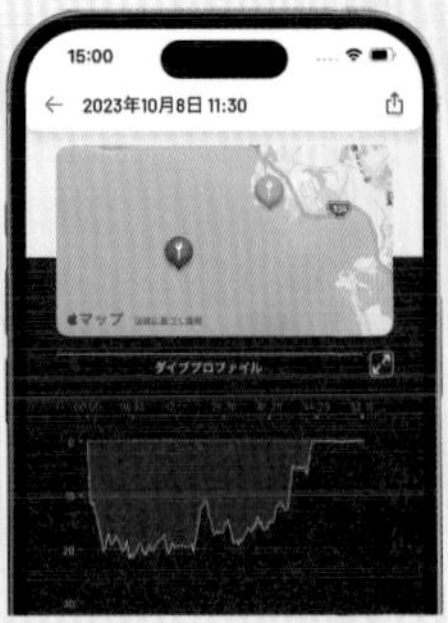

潜水した場所、水深、時間などのログは自動的に記録され、潜水後にグラフやマップで確認することができます。またiPhoneの「OCEANIC+」アプリで、これまでの潜水ログを確認・管理することもできます。

「OCEANIC+」は有料アプリです。スキューバモードのプランは、サブスク1ヶ月（1,150円）、サブスク1年間（10,200円）です。

https://www.oceanicworldwide.com/ja/oceanic-plus/

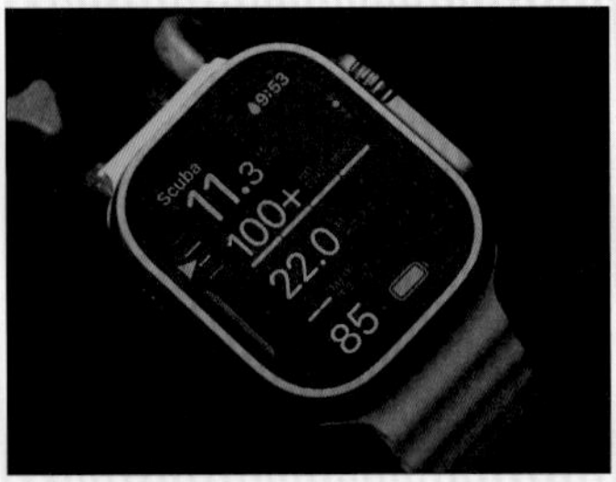

無減圧潜水時間（NO DECO）が表示される

安全停止時間がカウントダウンされる

●水深アプリ

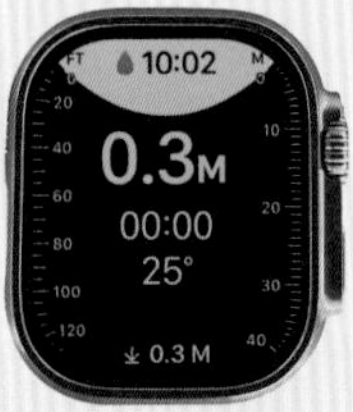

Ultra/Ultra2の「水深」アプリを使うと、水深（40メートルまで）、水温、潜水時間などを計測できます。

Chapter 6

健康を管理する

Section 47　ヘルスケアアプリを利用する
Section 48　心電図を利用する
Section 49　血中酸素濃度を測定する
Section 50　マインドフルネスを実践する
Section 51　心の健康を管理する
Section 52　日光を浴びた時間を管理する
Section 53　心拍数を測定する
Section 54　周期記録を利用する
Section 55　睡眠を管理する
Section 56　服薬を管理する
Section 57　周囲の騒音を測定する
Section 58　不慮の転倒や事故に備える
Section 59　緊急連絡先を登録する
Section 60　メディカルIDを設定する

ヘルスケアアプリを利用する

iPhoneの「ヘルスケア」アプリを利用すると、自分の身長や体重などの身体状況の管理や、Apple Watchで計測したデータを元に健康状態の管理をすることができます。

iPhoneの「ヘルスケア」アプリでできること

iPhoneの「ヘルスケア」アプリには、Apple Watchで計測した、アクティビティやバイタル（心電図や血中酸素濃度）、マインドフルネスや睡眠などのさまざまなデータが記録されます。

初回起動時には基本情報の入力が求められます。年齢や性別、身長や体重など、登録した情報に基づいて測定が行われるため、正確な情報を入力するようにしましょう。

「概要」画面にはよく使う項目が表示され、直近のデータをひと目で確認することができます。よく使う項目の追加は［編集］をタップして行います。

ヘルスケアデータを確認する

iPhoneの「ヘルスケア」アプリと、Apple Watchの健康関連のアプリは連携して動作していて、データが常に記録されます。「ヘルスケア」アプリの「ブラウズ」画面からは、各項目の過去30日間のデータを確認することができます。最近の傾向を示す「ハイライト」は、日々の健康状態の管理に役立てることができます。

1 iPhoneのホーム画面で［ヘルスケア］をタップします。

2 画面右下の［ブラウズ］をタップします。

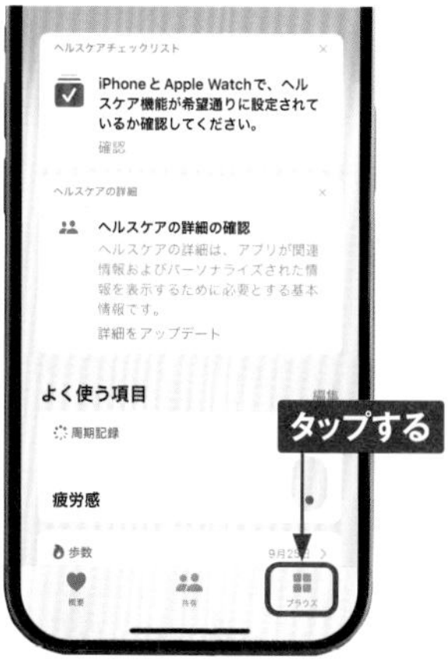

3 データがカテゴリごとに分けられています。［アクティビティ］をタップします。

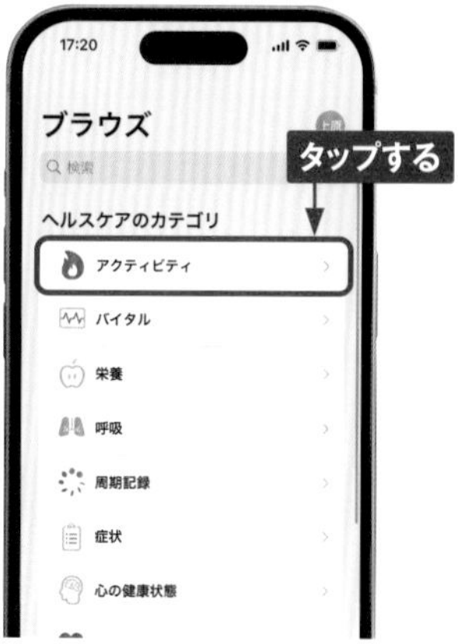

4 記録されたデータが表示されます。各項目をタップすると、より詳細な情報を確認することができます。

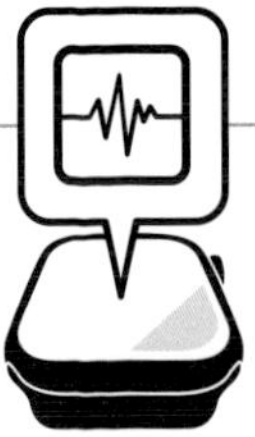

心電図を利用する

Series4以降とUltra/ Ultra2には「電気心拍センサー」が搭載されています。心臓の鼓動と心拍リズムを記録することで、心臓の心房と心室が正常に動いているかどうかを測定することができます。

「ヘルスケア」アプリで心電図を設定する

① iPhoneのホーム画面で[ヘルスケア]をタップします。

② [概要]をタップし、画面を上方向にスワイプして、心電図の[設定]をタップします。

③ 生年月日を設定し、[続ける]→[続ける]の順にタップします。

④ 説明が表示されます。画面の指示に従って設定を完了します。

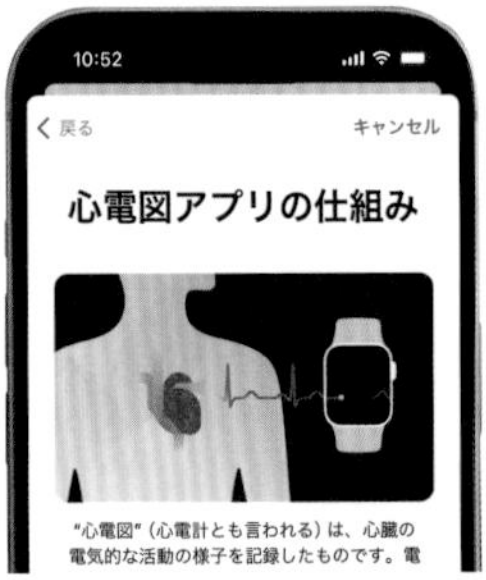

心電図をとる

1 ホーム画面で をタップして「心電図」アプリを起動します。

2 指をデジタルクラウンにあてます。

3 記録が始まります。

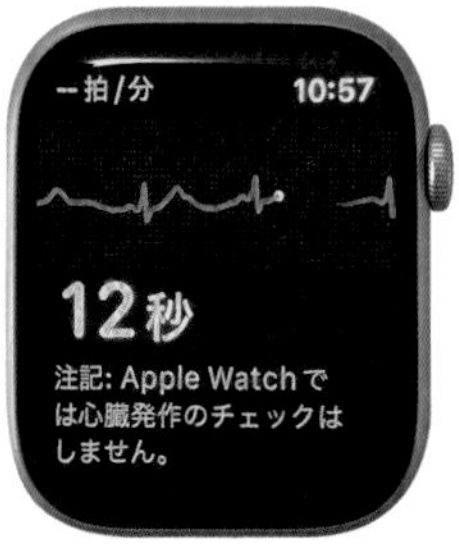

4 記録が終わると結果が表示されます。画面を上方向にスワイプします。

5 症状を追加したい場合は、[症状を追加] をタップします。

6 該当する症状をタップしてチェックを付け、[保存]→[完了] の順にタップします。

6

Section 49 Blood Oxygen

血中酸素濃度を測定する

Series6以降とUltra/Ultra2には血中酸素濃度センサーが搭載されています。血液中の酸素を測定することで、呼吸器や心臓の状態を日常的に把握できます。正常値は95～99%とされています。

血中酸素濃度を測定する

① ホーム画面でをタップして「血中酸素ウェルネス」アプリを起動します。

② 初回起動時は説明を読み、[次へ]→[次へ]→[完了]の順にタップします。

③ [開始]をタップして、手首を平らにし、15秒間待ちます。

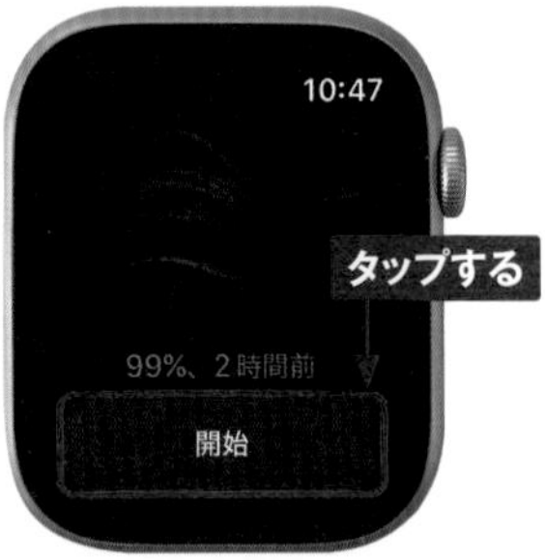

④ 測定が終わると結果が表示されます。☒をタップして終了します。

測定の履歴を確認する

1 iPhoneで「ヘルスケア」アプリを起動し、［ブラウズ］→［バイタル］の順にタップします。

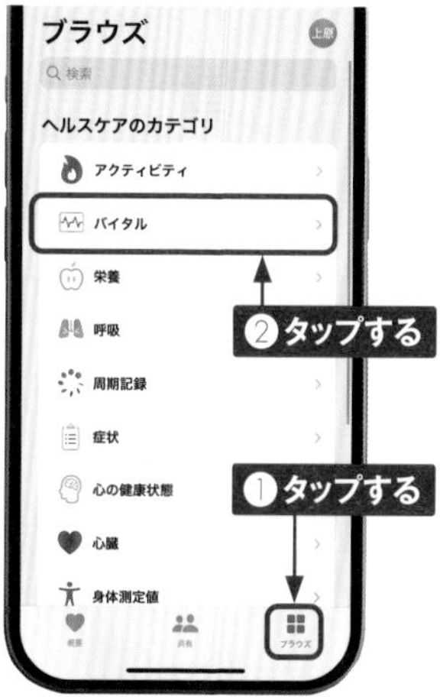

2 ［取り込まれた酸素のレベル］をタップします。

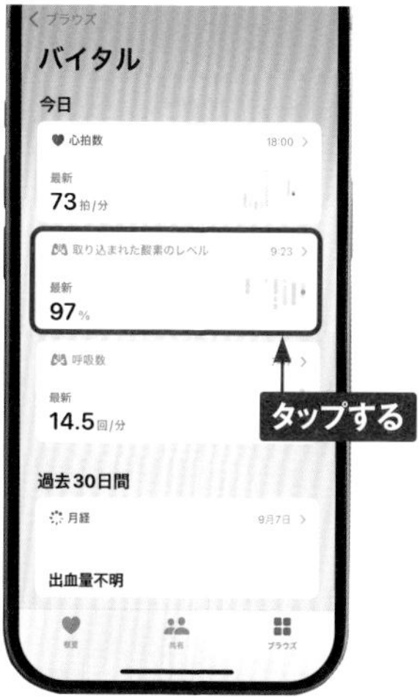

3 過去の測定結果を確認できます。

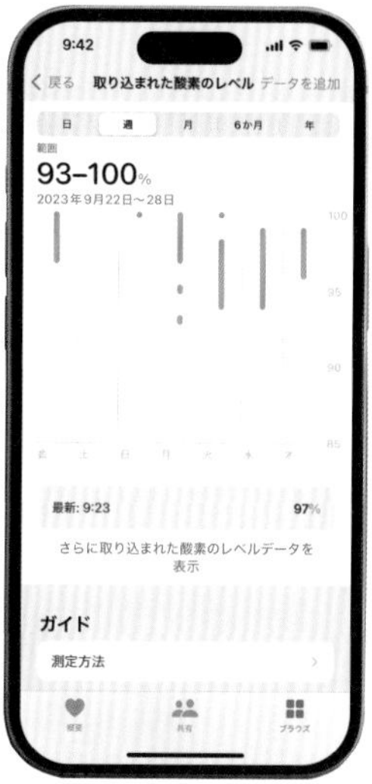

MEMO バックグラウンド測定

Apple Watchで⚙→［血中酸素ウェルネス］の順にタップします。［"睡眠"集中モード中］や［シアターモード中］をタップしてオンにすると、アプリを起動していなくても測定されます。

Section 50 Breathe

マインドフルネスを実践する

「マインドフルネス」アプリのリフレクトセッションでは、集中力を高めたり、心を落ち着かせて気持ちを切り替えたりする効果が期待できます。呼吸セッションでは、リラックスする時間を促し、考えを整理する時間を確保できます。

6

リフレクトセッションを開始する

① ホーム画面でをタップして「マインドフルネス」アプリを起動します。

② [リフレクト]をタップします。初回起動時は次の画面で[続ける]をタップします。

③ [開始]をタップします。

④ アニメーションが表示されるので、深呼吸をくり返して心を落ち着かせます。

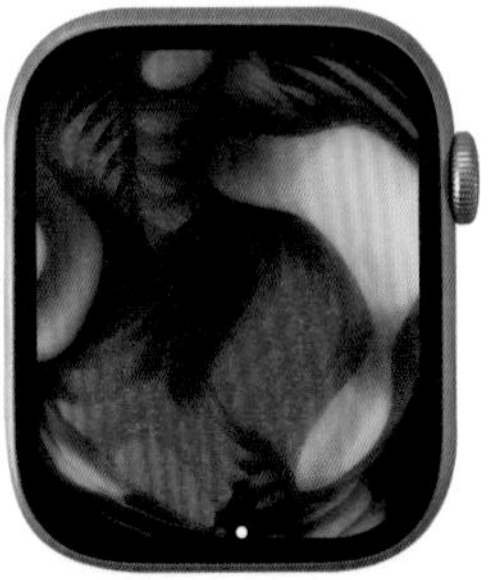

呼吸セッションを開始する

1 P.150手順②の画面を上方向にスワイプし、[呼吸]をタップします。初回起動時は次の画面で[続ける]をタップします。

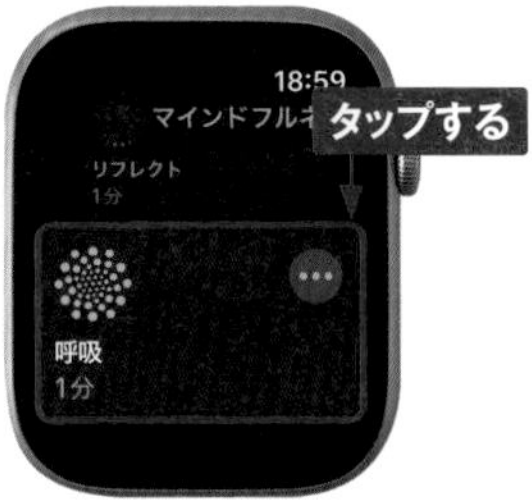

2 メッセージが表示されるので、しばらく待ちます。

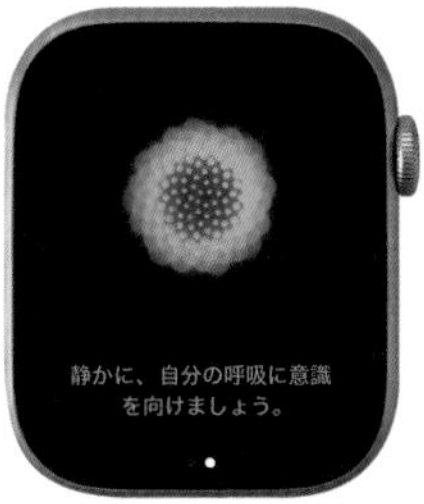

3 振動とともに、深呼吸を促すメッセージが表示されます。深呼吸をくり返します。

4 セッションが終了すると、「概要」画面が表示され、合計時間や心拍数を確認できます。

MEMO 呼吸の頻度を変更する

iPhoneの「Watch」アプリから、1分あたりのセッションを変更することができます。iPhoneのホーム画面で［Watch］→［マイウォッチ］→［マインドフルネス］の順にタップしたら、［呼吸の頻度］をタップし、呼吸の頻度をタップして選択します。

Section 51 Mental Health

心の健康を管理する

「マインドフルネス」アプリから一時的な感情や毎日の気分を、心の状態として記録することができます。記録した心の状態は、iPhoneの「ヘルスケア」アプリから確認でき、不調の把握にも役立ちます。

心の状態を記録する

1 P.150手順②の画面で[心の状態]をタップします。初回起動時は次の画面で[開始]をタップします。

2 [今現在どのように感じているかを記録してください]をタップします。

3 デジタルクラウンを上下に回して現在感じている感情を選択し、✓をタップします。

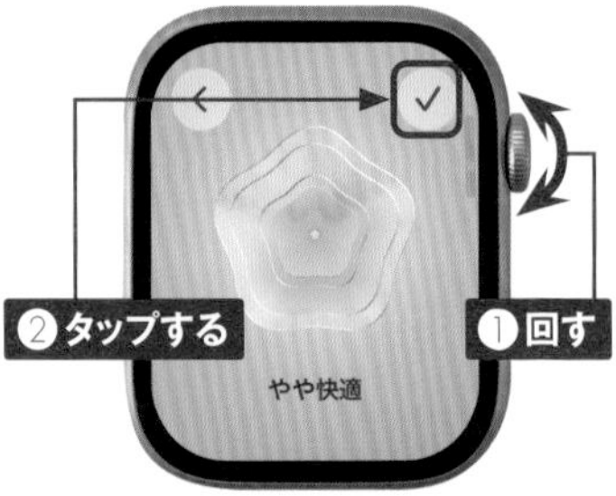

MEMO 心の状態の種類

手順②画面で［今現在どのように感じているかを記録してください］をタップすると「一時的な感情」を、［今日一日を通してどのように感じたかを記録してください］をタップすると「毎日の気分」を記録することができます。

4 「これにふさわしいものはどれですか?」画面で、当てはまる単語をタップして✓をタップします。

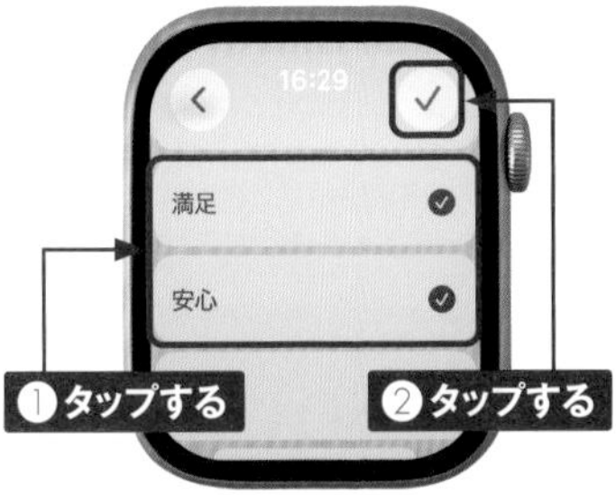

5 「一番大きく影響するものはどれですか?」画面で、当てはまる単語をタップして✓をタップします。

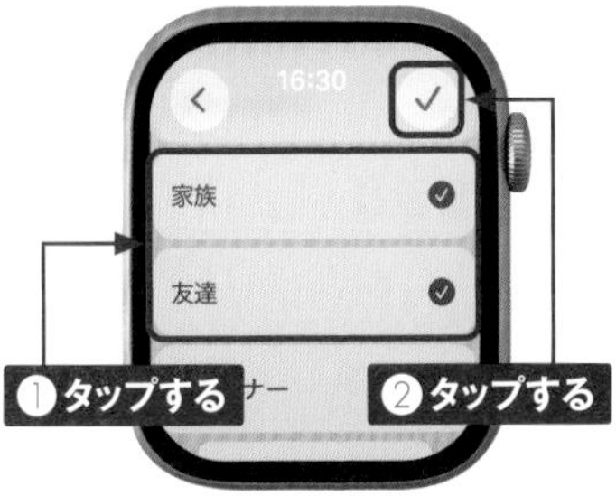

6 記録が完了します。

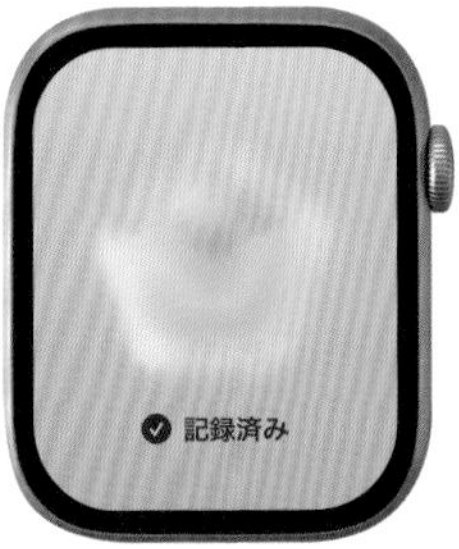

●心の状態の記録を見る

1 iPhoneで「ヘルスケア」アプリを起動し、[ブラウズ]→[心の健康状態]の順にタップします。

2 [心の状態]→[グラフで表示]の順にタップします。

3 週や月のデータと生活要因などを確認できます。

日光を浴びた時間を管理する

Series6以降とUltra/Ultra2/SE2に搭載されている環境光センサーを使って、日光の下で過ごした時間を測定します。Apple Watchで取得したデータはiPhoneの「ヘルスケア」アプリから確認することができます。

iPhoneで日光下の時間データを確認する

① P.145手順③の画面を表示し、[その他のデータ]をタップします。

② [日光下の時間]をタップします。

③ 日光下の時間データを確認できます。

MEMO 目や心の健康に役立てる

近視のリスクを低減するには、小児期に「日中に屋外でより多くの時間を過ごす」ことが大切であるとされています。「ヘルスケア」アプリで、日光下の時間データを把握することは有用です。また、日光の下で過ごす時間は心身の健康にもメリットがあるとされていて、P.153手順③の画面の「生活要因」から日光下の時間データを合わせて確認することができます。

Section 53 Heartbeat

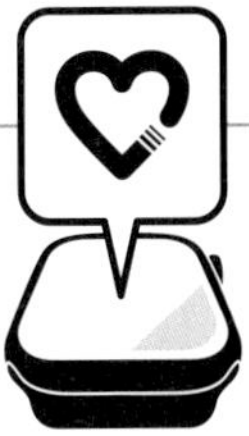

心拍数を測定する

Apple Watchには、心拍数を読み取る「光学式心拍センサー」が搭載されています。このセンサーにより、Apple Watchを手首に装着するだけで、心拍数を計測して表示することができます。

心拍数を測定する

1 ホーム画面で♡をタップして「心拍数」アプリを起動します。初回起動時は[次へ]をタップして進みます。

2 心拍数の計測が始まります。

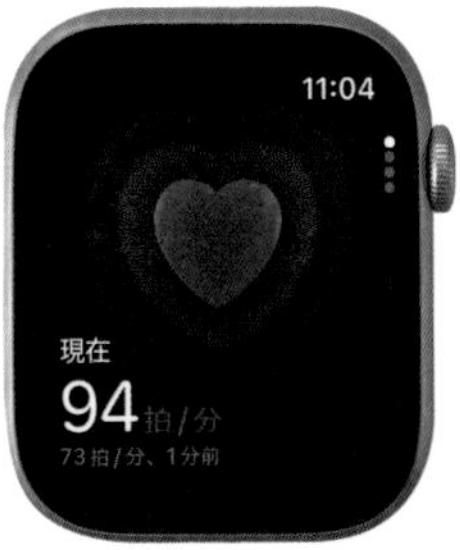

3 デジタルクラウンを上下に回す、または画面を上方向にスワイプすると、安静時や歩行時などの心拍数を確認できます。

MEMO Apple Watchを正しく装着する

心拍数を正しく読み取るには、Apple Watchの背面が手首の上側の皮膚に接触している必要があります。ワークアウト中は、できるだけApple Watchのバンドをしっかりと締めて、動かないようにしましょう。

心拍数のしきい値を設定する

1 iPhoneで［Watch］→［マイウォッチ］の順にタップし、画面を上方向にスワイプして、［心臓］をタップします。

2 ［高心拍数］または［低心拍数］をタップします。

3 心拍数のしきい値をタップします。設定したしきい値を超えた状態が10分間続いた場合に、Apple Watchに通知します。

MEMO 不規則な心拍の通知

手順②の画面で、［不規則な心拍の通知を"ヘルスケア"で設定］をタップすると、「ヘルスケア」アプリが開きます。「不規則な心拍の通知」画面で［設定］をタップし、画面の指示に従って進め、［通知をオンにする］をタップすると、心房細動のおそれがある不規則な心拍を検知した場合に通知されます。

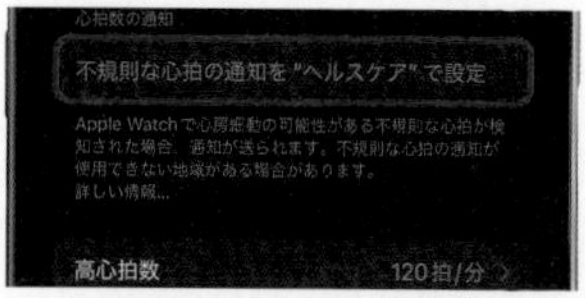

周期記録を利用する

「周期記録」アプリは月経周期を記録して、次の月経や妊娠可能期間などを予測します。Series8/9/Ultra/Ultra2は、就寝中に日々の体温を測定し、体温変化のデータをもとにより正確な周期予測などが可能です。

周期記録を設定する

1 iPhoneのホーム画面で［ヘルスケア］をタップします。

2 ［ブラウズ］→［周期記録］の順にタップします。

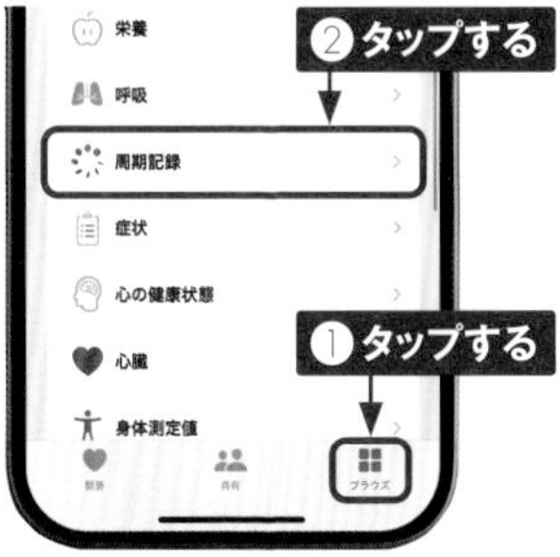

3 ［はじめよう］→［次へ］の順にタップし、画面に従って進めます。

4 設定が完了すると、周期記録や月経予測を確認できます。

Apple Watchで周期を記録する

① ホーム画面でをタップして「周期記録」アプリを起動します。

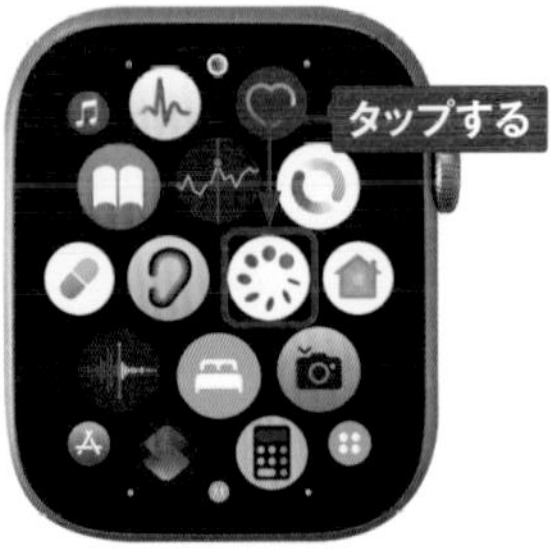

② 周期記録が表示されるので、[記録]をタップします。

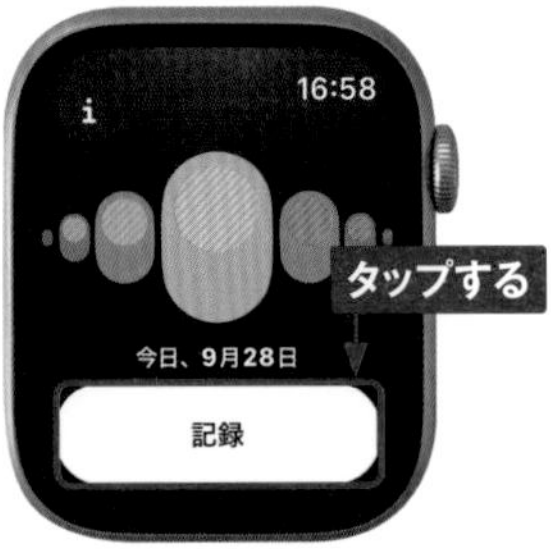

③ 記録したい項目をタップします。

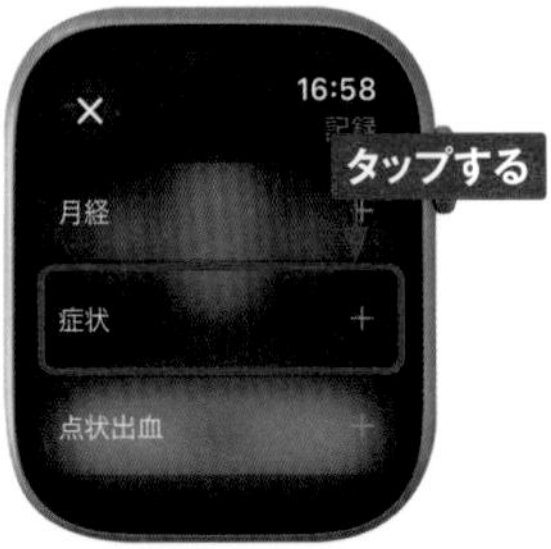

④ 当てはまる症状をタップしてチェックを付け、[完了]をタップします。

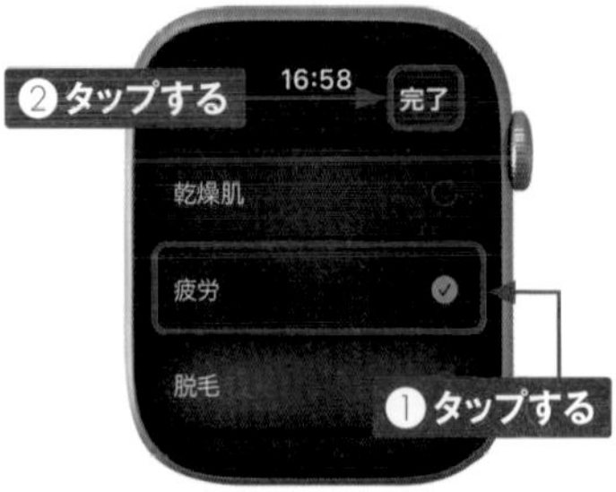

⑤ 手順④で登録した症状が記録されます。

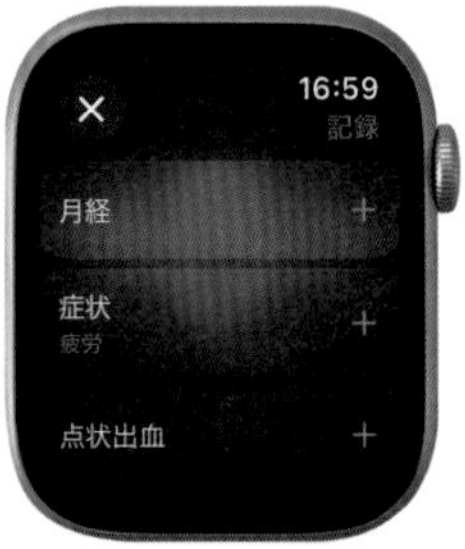

MEMO **周期記録のログを確認する**

出血量や症状などの記録は、iPhoneで確認します。P.157手順④の画面を上方向にスワイプし、[周期記録項目を表示]をタップすると、過去に記録した情報をまとめて確認することができます。

基礎体温の記録を確認する

測定した体温変化のデータから、次回の月経の予測日がより正確になったり、排卵日を推定したりすることができます。体温を測定するには、あらかじめ「周期記録」アプリと「睡眠」アプリ（Sec.55参照）での設定が必要です。

1 iPhoneのホーム画面で［ヘルスケア］をタップします。

2 ［ブラウズ］→［身体測定値］の順にタップします。

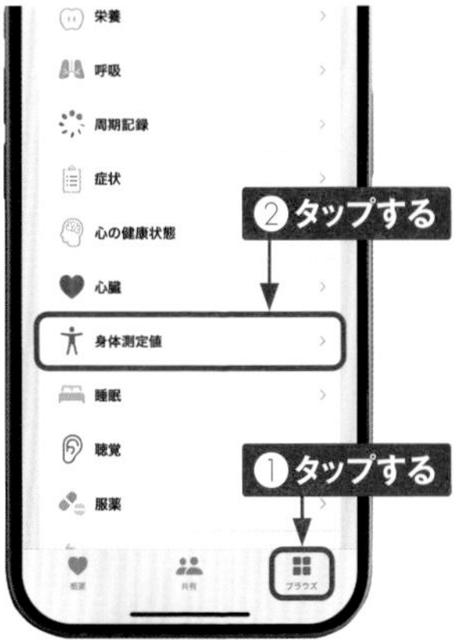

3 ［手首体温］をタップします。

4 過去の測定結果を確認できます。

Section 55 Sleep

睡眠を管理する

睡眠データを記録すると、毎日の睡眠サイクルを把握することができます。スケジュールの設定や記録したデータの確認は「睡眠」アプリで行います。iPhoneの「ヘルスケア」アプリからも記録した睡眠データの詳細な情報を確認できます。

「睡眠」アプリで睡眠データを記録する

1 ホーム画面でをタップして「睡眠」アプリを起動します。初回起動時は説明が表示されるので、[次へ]をタップします。

2 [○時間]をタップします。

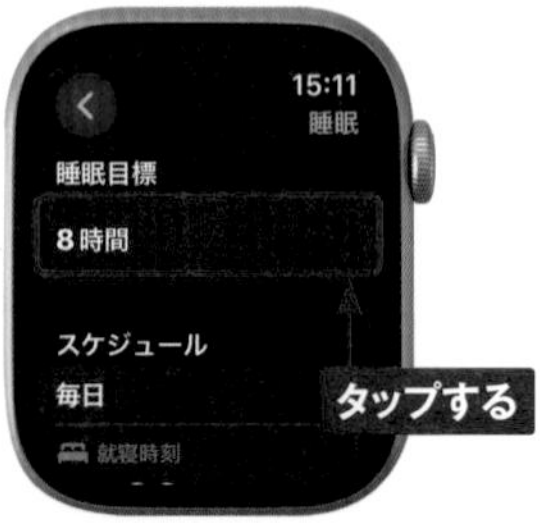

3 デジタルクラウンを回して睡眠時間の目標を設定し、をタップして手順②の画面に戻ったら[毎日]をタップします。

4 [毎日]をタップして、睡眠スケジュールを有効にする曜日を設定します。

5 手順④の画面を上方向にスワイプし、起床時刻などを設定します。

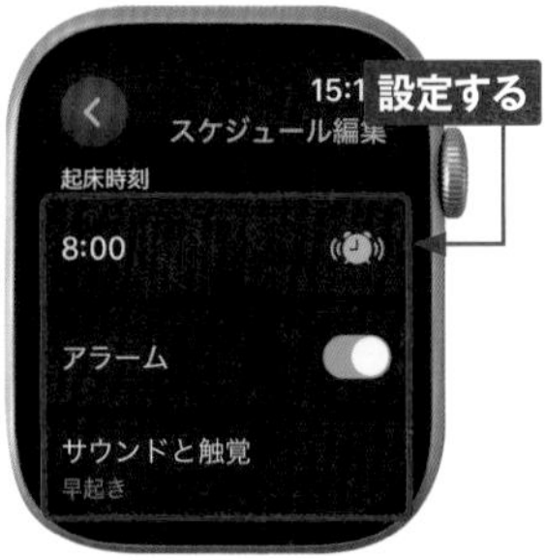

6 手順⑤の画面を上方向にスワイプして就寝時刻を設定し、<をタップします。

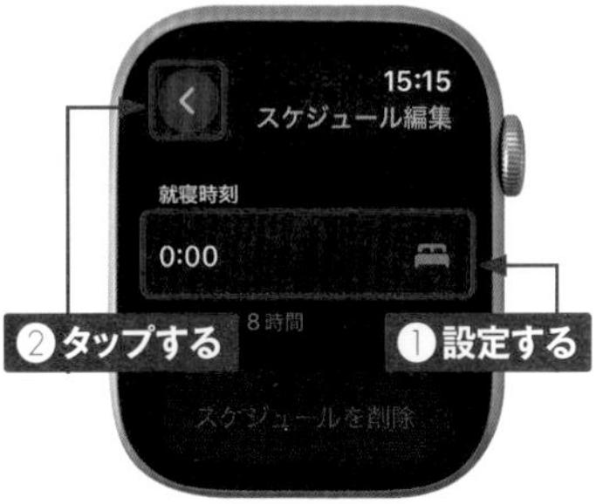

7 睡眠スケジュールが設定されます。画面の指示に従って設定を完了します。

8 就寝時刻前に、睡眠モードになることが通知されます。

9 起床時刻にApple Watchから振動とアラームが鳴ります。[スヌーズ]または[停止]をタップします。

10 「睡眠」アプリを起動すると、睡眠データを確認できます。

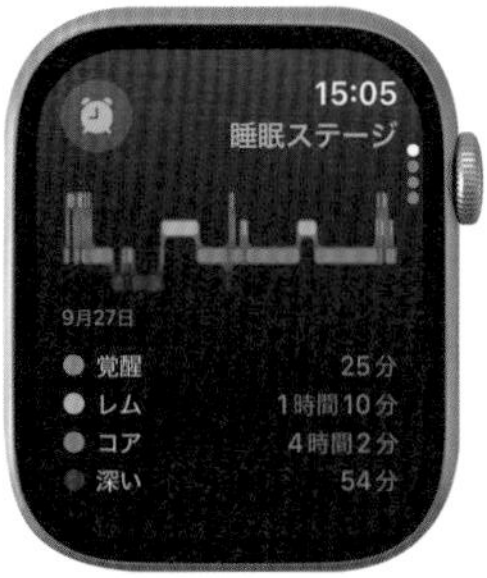

6

iPhoneで睡眠データを確認する

睡眠データは、iPhoneの「ヘルスケア」アプリからも確認できます。「レム睡眠」「コア睡眠」「深い睡眠」といった睡眠ステージをグラフで確認でき、目が覚めそうになった時間も知ることができます。また、睡眠中の心拍数や呼吸数やその数値の変化を毎日記録することで、比較することもできます。

① iPhoneで［ヘルスケア］アプリを起動し、［ブラウズ］→［睡眠］の順にタップします。

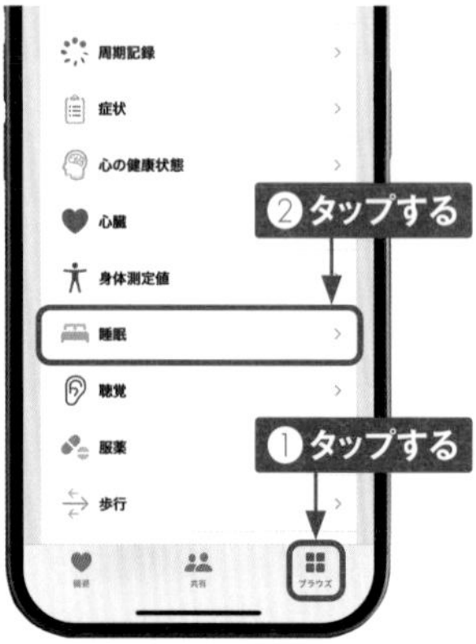

② 週単位の睡眠データを確認できます。画面を上方向にスワイプします。

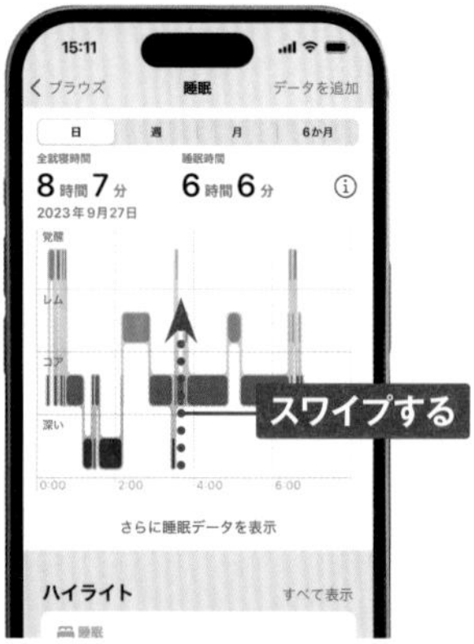

③ 設定してある睡眠スケジュールのほか、睡眠中の呼吸数や心拍数などを確認できます。

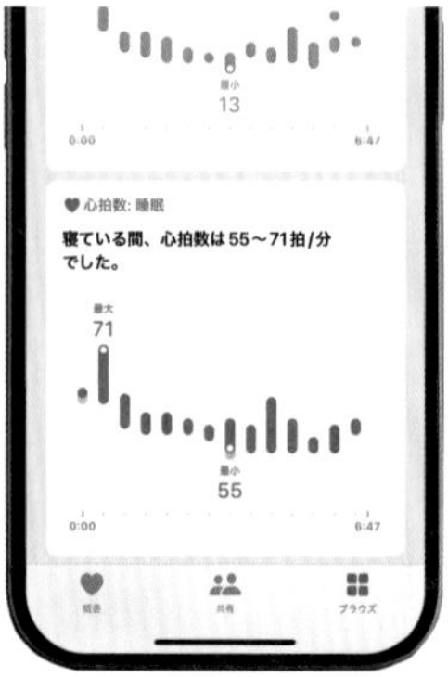

④ 手順②の画面で［さらに睡眠データを表示］をタップすると、睡眠ステージの平均時間などを詳細に確認できます。

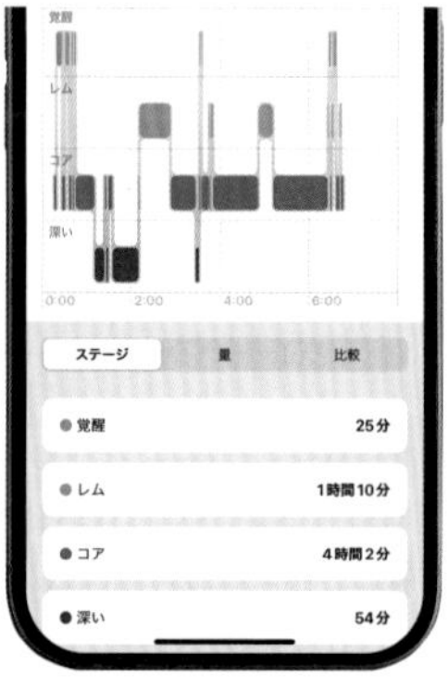

服薬を管理する

iPhoneの「ヘルスケア」アプリにある「服薬」から、普段服用している薬やビタミン剤、サプリメントなどを設定しておくと、Apple Watchの「服薬」アプリで服用の時間をリマインダーで通知させたり、服用したことを記録したりすることができます。

服薬リストを作成する

1 iPhoneのホーム画面で[ヘルスケア]をタップします。

2 [ブラウズ]→[服薬]の順にタップします。

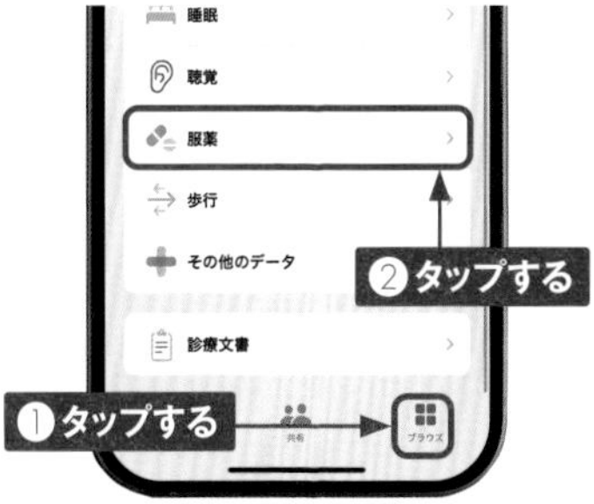

3 [薬を追加]をタップし、画面の指示に従って進めます。

4 設定が完了すると、服薬リストや服用記録を確認できます。

Apple Watchで服用を記録する

① ホーム画面でをタップし、「服薬」アプリを起動します。

② 追加した薬の情報を確認できます。

③ 服用時間になると、リマインダーが届きます。通知をタップします。

④ ［すべて“服用”として記録］をタップします。

⑤ 「服薬」アプリに、服用の記録が表示されます。

MEMO **服薬歴に移動する**

服薬期間が終わった際、服薬歴に移動することで通知を停止することができます。P.163手順④の画面で、服薬歴に移動させたい薬を左方向にスワイプし、［服薬歴に移動］→［服薬歴に移動］の順にタップすると服薬スケジュールとヘルスケア共有から削除されます。

6

周囲の騒音を測定する

「ノイズ」アプリは、Apple Watchのマイクを使って周囲の騒音レベルを定期的に測定します。騒音がする環境に長い間さらされていると、聴覚に悪影響を及ぼすと判断され、振動で通知されます。

サウンド測定をオンにする

1 ホーム画面でをタップします。初回起動時は「設定」アプリが起動します。

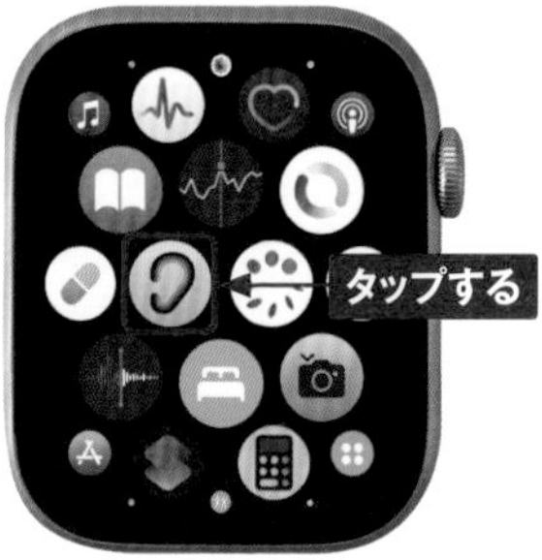

2 画面を上方向にスワイプし、[ノイズ]をタップします。

3 [環境音測定]をタップします。

4 「サウンド測定」のをタップしてにします。

ノイズのしきい値を設定する

設定したデシベルレベル（しきい値）が超えた状態が続くと、Apple Watchに振動で通知されます。

① P.165手順③の画面で［ノイズ通知］をタップします。

② デシベルレベルを選んでタップします。

MEMO iPhoneからしきい値を設定する

しきい値はiPhoneから設定することもできます。iPhoneのホーム画面で［Watch］→［マイウォッチ］→［ノイズ］の順にタップし、［ノイズのしきい値］をタップしたら、デシベルレベルを選んでタップします。

「ノイズ」アプリで騒音レベルを測定する

① ホーム画面でをタップして「ノイズ」アプリを起動します。

② 周囲の騒音レベルが測定されます。をタップすると、デシベルレベルごとの説明が表示されます。

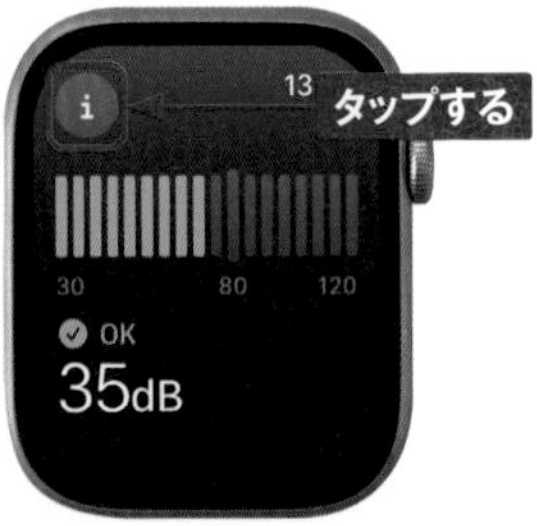

Section 58 Emergency SOS

不慮の転倒や事故に備える

Series4以降とSEには、転倒の衝撃を感知する「転倒検出機能」が搭載されています。Series8/9/Ultra/Ultra2/SE2には、激しい自動車衝突事故に遭った際、事故の衝撃を検出する「衝突検出機能」も備わっています。

転倒検出機能と衝突検出機能を管理する

Series8/9/Ultra/Ultra2/SE2には、新しいモーションセンサーが搭載されていて、転倒事故や衝突事故を検知します。デフォルトではオンになっていますが、「設定」アプリの「SOS」から設定を確認することができます。
Apple Watchを装着中に検知された場合はApple Watchから、Apple Watchを装着していない場合はiPhoneから安否確認の通知に応答します。
iPhoneからも、[Watch]→[マイウォッチ]→[緊急SOS]の順にタップして、確認・設定することができます。なお、対応機種はiPhone14以降です。

●転倒検出機能

ひどい転び方や落ち方をしたと思われる状況を検知し、緊急SOSを発信します。転倒時に「ひどく転倒されたようです。」画面が表示された場合は、自力で通報するか安否確認画面を閉じるか選んで対処します。

●衝突検出機能

自動車が絡む激しい衝突事故（正面衝突、側面衝突、追突、横転など）に遭ったと思われる状況を検知し、緊急SOSを発信します。衝突時に「衝突事故に巻き込まれた可能性があるようです。」画面が表示された場合は、自力で通報するか安否確認画面を閉じるか選んで対処します。

転倒検出機能をオンにする

転倒検出機能では、転倒を検出した際にユーザーに安否の確認を通知し、60秒以上安否確認画面への反応がない場合は、手首をタップしたりアラームを鳴らしたりして緊急サービスに自動通報します。また登録してある緊急連絡先（P.170参照）には、緊急サービスに通報したことと、ユーザーの位置情報をメッセージで送信します。
ユーザーが55歳以上の場合、転倒検出機能はデフォルトでオンになっています。18歳～55歳までのユーザーは、下記手順でオンに設定することができます。

1 ホーム画面で をタップして「設定」アプリを起動します。

2 ［SOS］をタップします。

3 ［転倒検出］をタップし、「転倒検出」の →［確認］の順にタップすると転倒検出がオンになります。

4 ［ワークアウト中のみオン］が ☑ になっていると、ワークアウト中のみ検知されます。

衝突検出機能を確認する

衝突検出機能では、激しい衝突事故を検出した際にユーザーに安否の確認を通知し、20秒間安否確認画面への反応がない場合は、緊急サービスに自動通報し、おおまかな位置情報を知らせます。また登録してある緊急連絡先（P.170参照）には、緊急サービスに通報したことと、ユーザーの位置情報をメッセージで送信します。
衝突検出機能はデフォルトでオンになっています。なお、自動車衝突事故に遭ってもApple Watchで検出されない可能性もあります。

1 ホーム画面でをタップして「設定」アプリを起動します。

2 [SOS]をタップします。

3 [激しい衝突事故発生後に通報]をタップします。

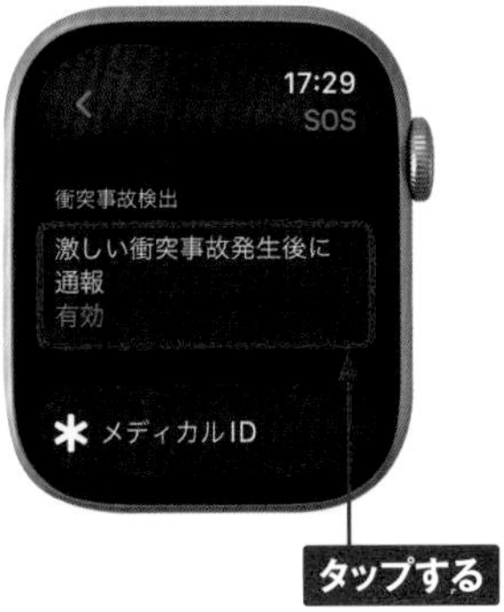

4 「激しい衝突事故発生後に通報」がになっていることを確認します。

Section 59 Emergency SOS

緊急連絡先を登録する

「緊急SOS」で、救急サービスに電話をかけることができます。また、緊急連絡先に家族や知人を登録しておくと、救急サービスに発信したことと、ユーザーの位置情報を自動送信します。「緊急SOS」は、サイドボタンを長押しして、[緊急電話] をスライドして実行します。

6

緊急連絡先を追加する

1 iPhoneで [Watch] → [マイウォッチ] → [緊急SOS] の順にタップします。

2 [連絡先を"ヘルスケア"で編集] をタップします。

3 [緊急連絡先を追加] をタップします。

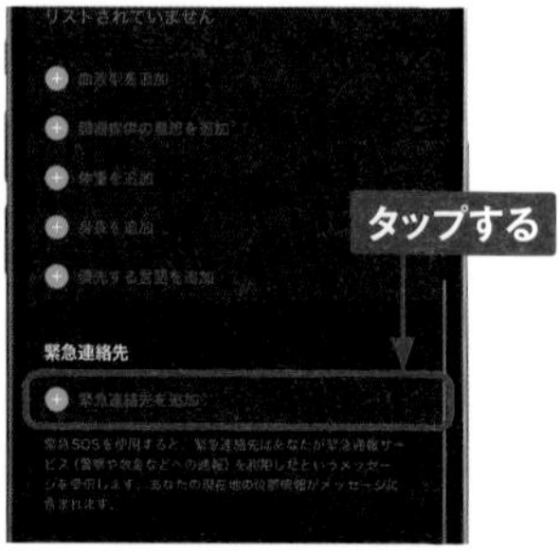

4 連絡先を選んでタップし、画面の手順に従って登録を完了します。

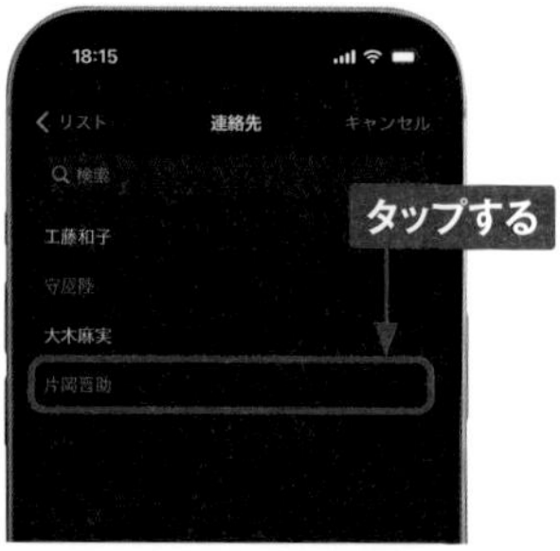

メディカルIDを設定する

「ヘルスケア」アプリでは、持病やアレルギー情報、服用中の薬など、非常時に重要となる情報を表示できる「メディカルID」を作成できます。メディカルIDを作成しておくと、Apple Watchにも同期され、非常時に必要な情報を第三者に開示することができます。

iPhoneでメディカルIDを設定する

① iPhoneのホーム画面で[ヘルスケア]をタップします。

② [概要]→プロフィールアイコンの順にタップします。

③ [メディカルID]→[はじめよう]の順にタップします。

④ 必要な情報を入力し、[完了]をタップします。なお、新たに緊急連絡先（Sec.59参照）を追加することもできます。

Apple WatchでメディカルIDを確認／提示する

●メディカルIDを確認する

① ホーム画面で⚙をタップして「設定」アプリを起動し、[SOS]→[メディカルID]の順にタップします。

② 作成したメディカルIDを確認できます。

MEMO Apple Watchから緊急連絡先を追加する

上の手順②の画面で、[メディカルIDを編集]→[緊急連絡先を追加]の順にタップすると「連絡先」アプリ（Sec.20参照）から家族や知人を緊急連絡先に追加することができます。

●メディカルIDを提示する

① サイドボタンを長押しします。

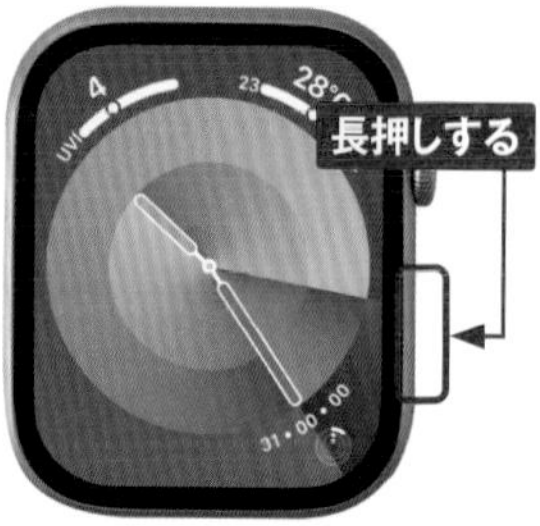

② [メディカルID]を右方向へスライドします。

③ メディカルIDが表示されます。

Chapter 7

標準アプリを利用する

Section 61　カレンダーを利用する
Section 62　リマインダーを利用する
Section 63　ボイスメモを利用する
Section 64　マップを利用する
Section 65　Bluetoothイヤフォンを利用する
Section 66　iPhoneの音楽を操作する
Section 67　Apple Watchの音楽を再生する
Section 68　写真を見る

カレンダーを利用する

Apple Watchのカレンダーでは、iPhoneのカレンダーで入力した予定が自動的に同期されて確認できます。また、Apple Watchから直接予定を追加することも可能です。カレンダーには、「次はこちら」「リスト」「日」などの表示形式があります。

予定を確認する／カレンダーを見る

●予定を確認する

① ホーム画面で🗓をタップして「カレンダー」アプリを起動します。

② iPhoneのカレンダーに入力されている、今日と今後1週間の予定が表示されます。

●カレンダーを見る

① 左の手順②の画面で⋯→[月]の順にタップします。

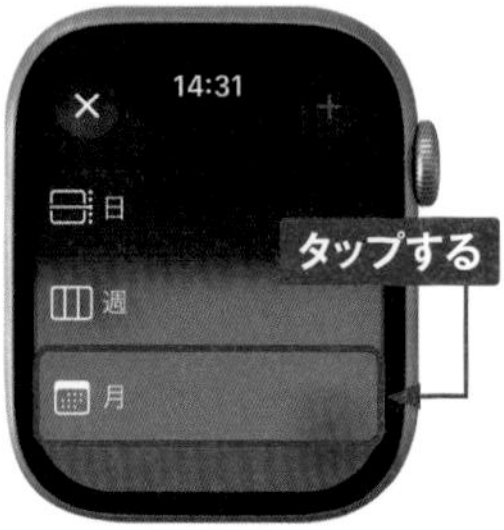

② 月表示のカレンダーが表示されます。

Section 62　Reminder

リマインダーを利用する

「リマインダー」アプリでタスク（やるべきこと）を追加しておくと、指定した時間に通知されます。タスクの追加はApple Watch、iPhoneどちらからもできます。どちらかから追加したタスクは、もう一方にも反映されます。

リマインダーの通知を受け取る

●日時を指定してタスクを追加する

① ホーム画面で をタップし、「リマインダー」アプリを起動します。

② ［日時指定あり］→［追加］の順にタップします。

③ タスクを入力し、［完了］をタップします。

④ 日時を指定したいタスク→［編集］の順にタップします。

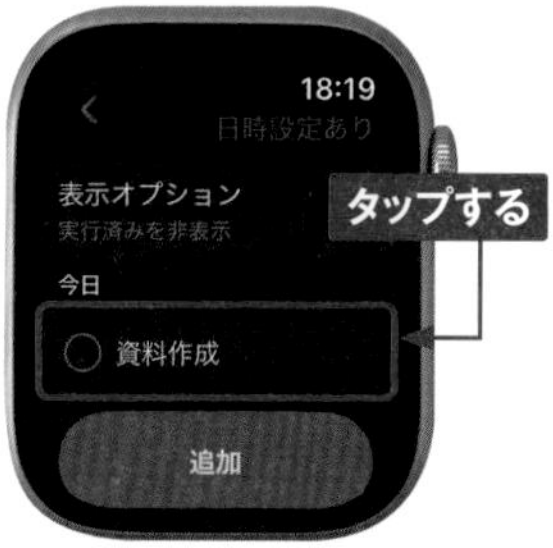

⑤ 通知させたい「日付」「時刻」などを設定し、をタップします。

⑥ 指定した時刻に、リマインダーの通知が届きます。タスクが完了していたら［実行済みにする］をタップします。

●タスクを編集する

① P.175手順②の画面で編集したいタスクのリストをタップします。

② 編集したいタスクをタップし、［編集］をタップすると、P.176手順⑤の画面が表示され、内容を変更できます。

MEMO

Siriでタスクを追加する

Siriを起動し（P.28参照）、「午後6時に買い物をリマインドして」のように話しかけると、日時を指定してタスクを追加することができます。

ボイスメモを利用する

Apple Watchでは、音声を録音できる「ボイスメモ」アプリが利用できます。録音した内容は、iPhoneの「ボイスメモ」アプリでも聞くことができます。

音声を録音する

① ホーム画面でをタップして「ボイスメモ」アプリを起動します。

② をタップすると、録音が開始されます。

③ をタップすると、録音が終了します。

④ 録音ファイルをタップし、をタップすると再生されます。なお、→［削除］の順にタップすると削除できます。

マップを利用する

Apple Watchの「マップ」アプリでは、自分の現在地や周囲の情報をかんたんに取得できます。目的地を音声で入力すると、そこまでの経路を自分の進行に合わせてナビゲーションします。

現在地を表示する

① ホーム画面でをタップして「マップ」アプリを起動します。

② 「"マップ"に位置情報の使用を許可しますか?」画面で［アプリの使用中は許可］をタップします。

③ 現在地が表示されていない場合は、をタップします。

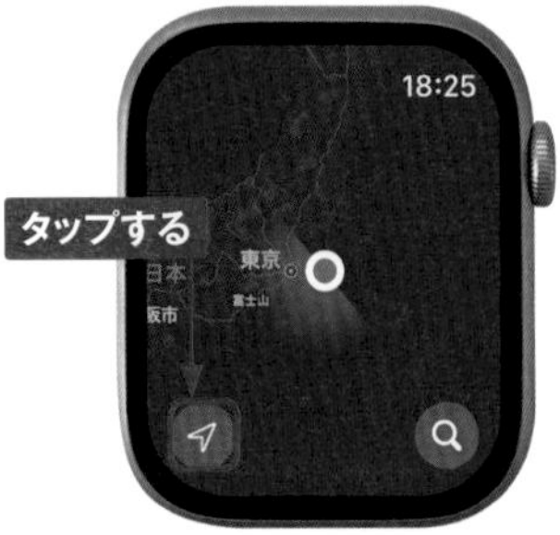

④ デジタルクラウンを回すと、地図を拡大、縮小できます。

場所を検索する

① 「マップ」アプリを起動し、右下のをタップします。

② 検索欄をタップします。

③ 検索したい場所をキーボードまたは音声で入力して、[完了]をタップします。

④ 検索結果から目的の場所をタップします。

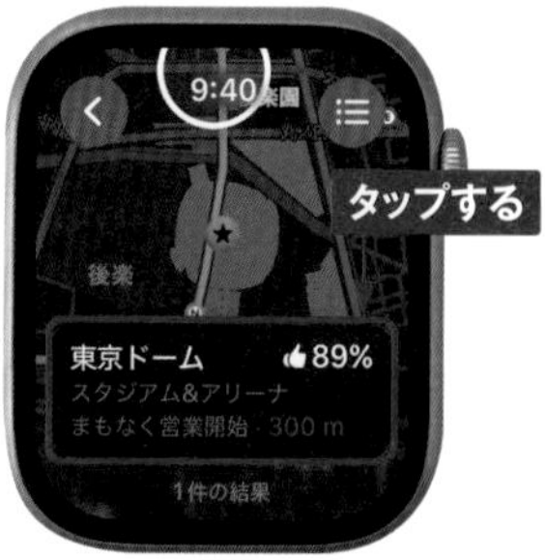

MEMO 駅やバス停で時刻表を表示する

駅やバス停に到着したら、「マップ」アプリで現在地を表示します。地図上の駅やバス停をタップすると、各鉄道・バス会社の時刻表が表示されます。

5 検索した場所までの到着時間や距離などが表示されます。画面を上方向にスワイプします。

6 検索した場所周辺の地図が表示されます。

MEMO 位置情報サービスをオンにする

Apple Watchの位置情報サービスをオンにするには、ペアリングされたiPhoneで、[設定]→[自分の名前]→[探す]の順にタップし、「位置情報を共有」がになっていることを確認します（iCloudにサインインしていない場合は、Apple IDとパスワードを入力してサインインします）。オンになっていることを確認したら、[設定]→[プライバシーとセキュリティ]→[位置情報サービス]→[マップ]→[このアプリの使用中]の順にタップします。

ナビゲーションを利用する

① P.180手順⑤の画面で、7分タップします。

② をタップします。

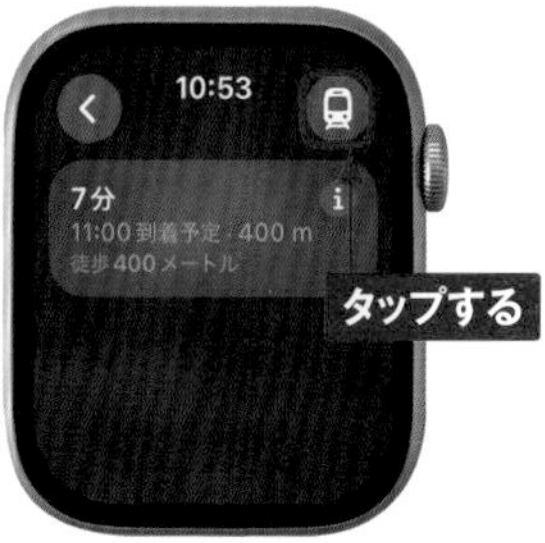

③ 交通手段を選んでタップします。

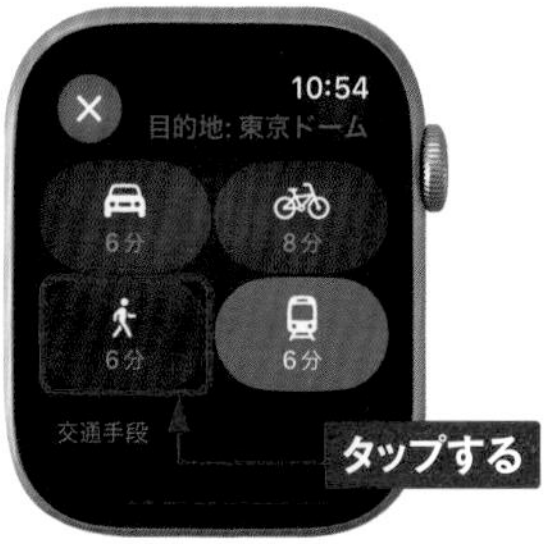

④ 候補経路が表示されるので、候補経路をタップします。

⑤ 経路が表示されるので、ナビゲーションに従って進みます。

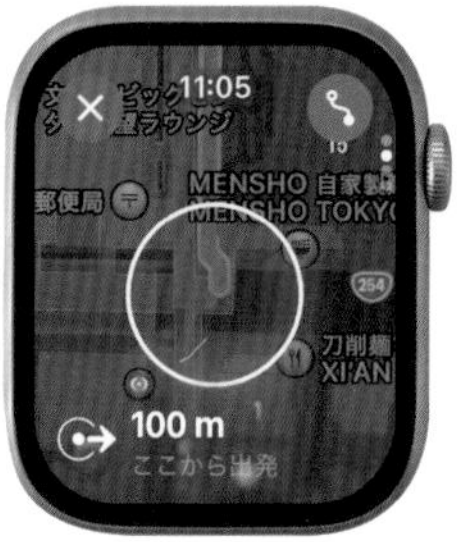

⑥ デジタルクラウンを上下に回す、または画面を上方向にスワイプすると、詳しい経路が表示されます。

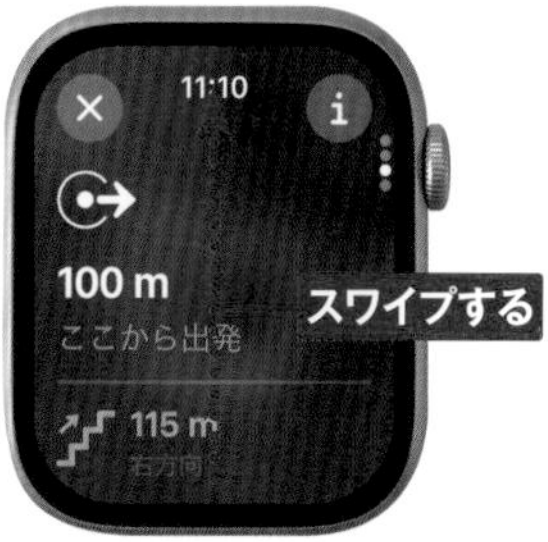

オフラインマップを利用する

iOS17を搭載したiPhoneで「マップ」アプリから地図データをダウンロードしておくと、iPhoneがオフライン（ネットワークに繋がっていない）状態でも地図を利用できます。ペアリングしたApple Watchでも表示することができます（P.181参照）。あらかじめ登山やキャンプ場周辺のエリア、災害時の避難場所などを追加しておくと便利です。なお、Apple Watchへ直接地図データをダウンロードすることはできません。

① iPhoneのホーム画面で［マップ］をタップします。

② プロフィールアイコンをタップします。

③ ［オフラインマップ］→［新しいマップをダウンロード］の順にタップします。

④ ダウンロードしたい地域を入力し候補地域をタップします。

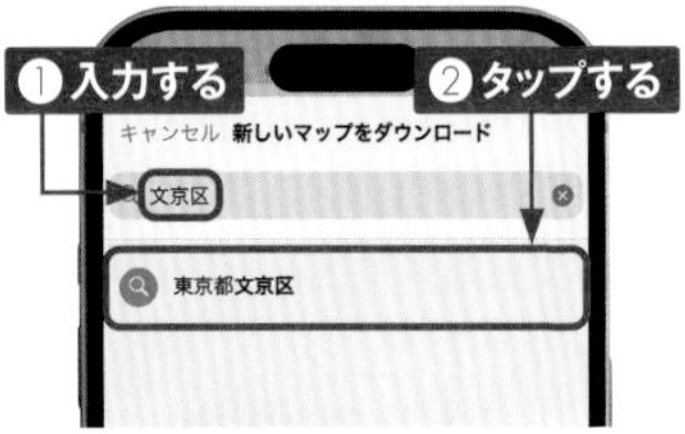

MEMO ダウンロードできる範囲

ダウンロードできるエリアは、ピンチイン／ピンチアウトで範囲の広さを変更できます。最大400㎞指定できますが、ダウンロードに時間を要します。

5 枠をドラッグして保存する範囲を設定し、[ダウンロード]をタップします。

6 マップがダウンロードされます。

Apple Watchでオフラインマップを使う

iPhoneで保存したエリアのオフラインマップは、ペアリングしたiPhoneが近く（約10m）にあるときに、Apple Watch上で利用できます。Wi-Fiやモバイル通信が使えない場合でも、店舗の営業時間や評価などの情報を確認できるほか、目的地までの到着予定時刻を確認したり、経路を表示したりすることができます。

1 Apple Watchの「マップ」アプリでオフラインマップのエリア内の地域を検索し、目的の場所をタップします。

2 目的地までの経路候補や営業時間や評価などを確認できます。

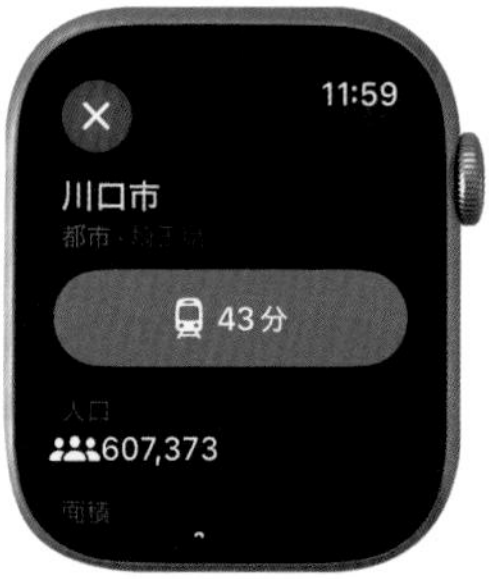

Bluetoothイヤフォンを利用する

Apple Watchの音楽は、Bluetooth機器で再生することができます。Bluetoothイヤフォンを利用するには、あらかじめ「設定」アプリからApple Watchとペアリングしておく必要があります。

Apple WatchにBluetooth機器を接続する

① Bluetooth対応イヤフォンやスピーカーを用意し、ペアリングモードにしておきます（方法は各機器の取扱説明書を参照）。

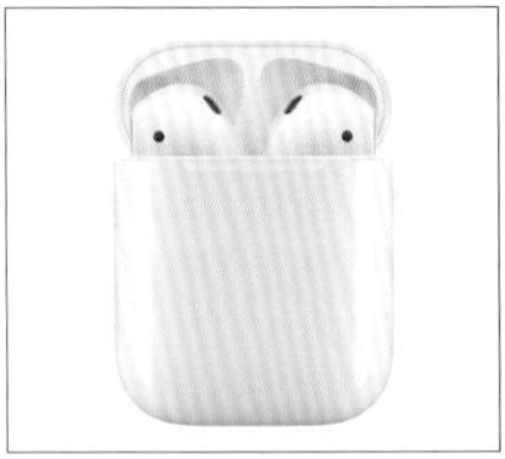

② ホーム画面で⚙をタップして「設定」アプリを起動します。

③ [Bluetooth]をタップします。

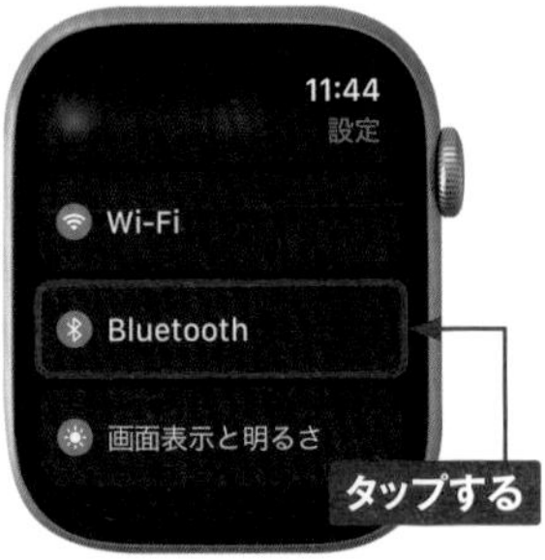

MEMO ヘッドフォン音量を確認する

ヘッドフォン（イヤフォン）の音量と利用時間は、自動的に「ヘルスケア」アプリに記録されます。iPhoneで［ヘルスケア］アプリを起動し、［ブラウズ］→［聴覚］→［ヘッドフォン音量］（または［環境音レベル］）の順にタップして確認することができます。

④ 周囲にあるBluetooth機器が検索されます。

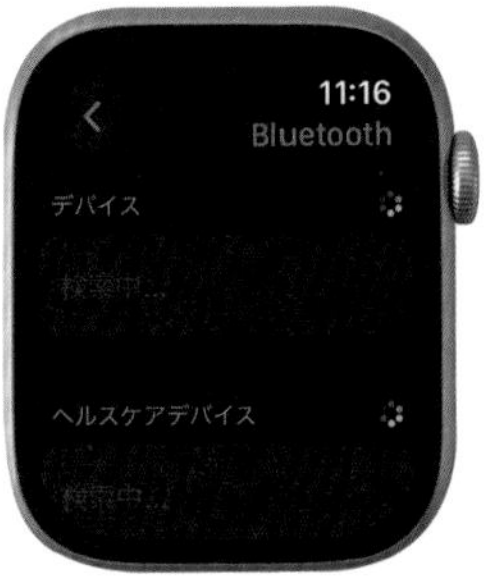

⑤ ペアリングする機器を選んでタップします。

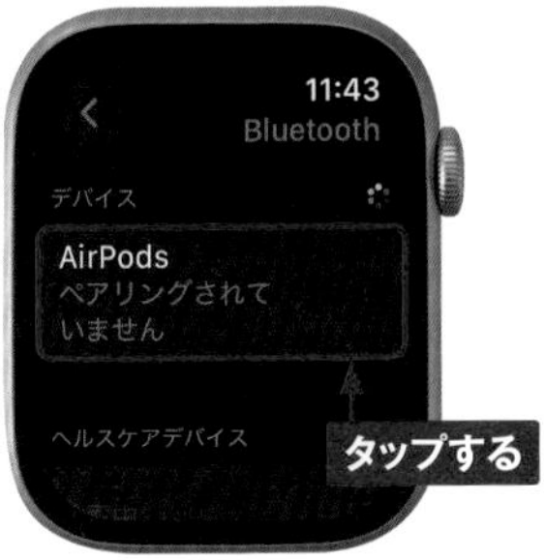

⑥ 手順④の画面に戻り、「接続済み」と表示されたらペアリング成功です。

⑦ ペアリングを解除する場合は、手順⑥の画面でⓘをタップし、[デバイスの登録を解除]をタップします。

MEMO AirPodsのバッテリー残量を確認する

「AirPods」とペアリングした場合、Apple WatchでAirPodsのバッテリー残量を確認することができます。P.35を参考にコントロールセンターを表示し、[○○%]をタップして、デジタルクラウンを上方向に回す、または画面を上方向にスワイプすると、バッテリー残量が表示されます。

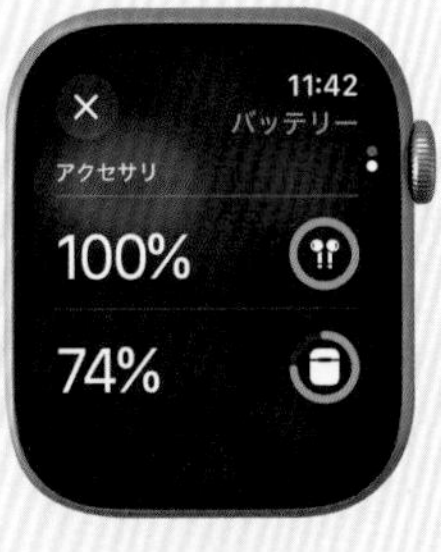

iPhoneの音楽を操作する

iPhoneで音楽やPodcastなどを再生すると、Apple Watchに音楽コントローラーが表示されます。再生、停止、音量の調整まで自由に行えるので、iPhoneを取り出す必要はありません。

音楽再生画面の見方

●再生画面

をタップすると曲の先頭に戻り、ダブルタップすると前の曲から、をタップすると次の曲が再生されます。再生中にをタップすると停止、停止中にをタップすると再生できます。デジタルクラウンを回して曲を選択することもできます。

タップするとオプション画面が表示されます（下記参照）。

再生中の曲名、アーティスト名、アルバム名が表示されます。

●オプション画面

再生中の曲をライブラリに追加できます。

「メッセージ」アプリや「メール」アプリで曲を共有できます。

再生中の曲をプレイリストに追加できます。

iPhoneで再生中の音楽を操作する

1 ホーム画面でをタップして「再生中」アプリを起動します。

2 [iPhone] をタップします。

3 音楽を再生し、デジタルクラウンを回すと音量の調整ができます。

4 手順③の画面でをタップすると、オプション画面が表示されます。

5 手順④の画面でをタップすると、再生画面に戻ります。

6 音楽を再生している間は、使用しているアプリがスマートスタックの上部に表示されます。

Apple Watchの音楽を再生する

iPhoneのプレイリストを同期することで、Apple Watch内に音楽を保存して再生することができます。お気に入りの音楽をセレクトし、Apple Watchで楽しみましょう。

iPhoneのプレイリストをApple Watchと同期する

7

① iPhoneのホーム画面で［Watch］をタップします。

② ［マイウォッチ］→［ミュージック］の順にタップします。

③ ［ミュージックを追加］をタップします。

MEMO 音楽を自動的に追加する

手順③の画面で、「最近聴いたミュージック」が になっていると、自動的にApple Watchへ追加されます。自動追加したくないときはオフにしておきましょう。

④ ［プレイリスト］をタップし、Apple Watchと同期したいプレイリストをタップして、⊕をタップします。

⑤ 追加したいプレイリストが指定されます。Apple Watch本体を充電器につないで充電中にすると、同期が始まります。

MEMO プレイリストを作成する

手順④で表示されるプレイリストは、iPhoneの「ミュージック」アプリから作成できます。iPhoneのホーム画面で🎵→［ライブラリ］→［プレイリスト］→［新規プレイリスト］の順にタップして名前を入力します。［ミュージックを追加］をタップして追加したい曲を選び、［完了］をタップするとプレイリストが作成されます。

Apple Watch内の音楽を再生する

① ホーム画面で🎵をタップして「ミュージック」アプリを起動します。

② [ライブラリ]→[プレイリスト]の順にタップします。

③ プレイリスト一覧が表示されます。聴きたいプレイリストをタップします。

④ ▶をタップすると、接続したBluetooth機器から音楽が流れ、…→[次に再生]の順にタップすると、プレイリスト内の曲を選択できます。

⑤ 🔀はシャッフル再生、🔁は1回タップするとプレイリストのリピート再生、2回タップすると再生している曲のリピート再生、∞は似たような曲が続けて自動再生されます。

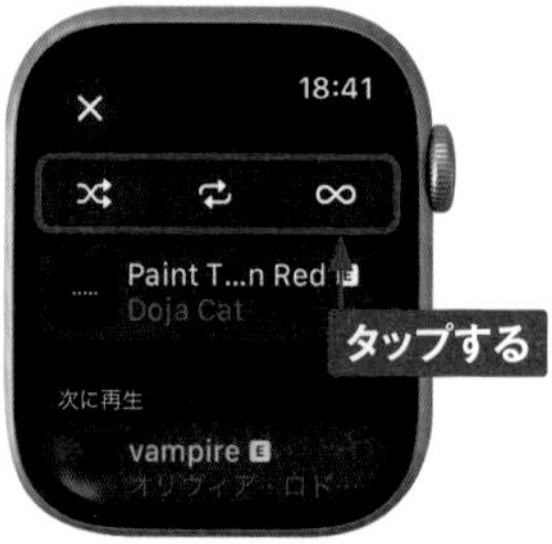

MEMO 「リモコン」アプリを利用する

「リモコン」アプリでは、Apple TVやMacのApple MusicをApple Watchから操作することができます。

Apple Watchでストリーミング再生する

Apple Musicのサブスクリプションに登録すると、Apple Watchで音楽のストリーミング再生を行うことができます。
先に、iPhoneの「ミュージック」アプリから、Apple Musicのプレイリストを追加しておきます。Apple Watchの「ミュージック」アプリから［ライブラリ］→［プレイリスト］の順にタップすると、追加したプレイリストが表示され、タップすることで再生できます。
またApple Watchで、そのほかの音楽配信サービスを利用することもできます。対応アプリをインストールし、サブスクリプションの会員登録を行うと、Apple Watchだけでストリーミングで音楽を楽しむことができます。

●Apple Music

●Amazon Music

●Spotify

●AWA

MEMO **ラジオを聴く**

Apple Musicでは「ミュージック」アプリでラジオを聴くこともできます。

写真を見る

iPhoneでアルバムの同期設定を行うと、アルバム内の写真をApple Watchに保存して、表示することができます。Apple Watchに同期する写真はiPhoneであらかじめ設定しておく必要があります。

写真を表示する

① ホーム画面で をタップして「写真」アプリを起動します。

② 同期されている写真アルバムをタップします。

③ 写真がサムネイル表示されます。写真をタップすると大きく表示され、デジタルクラウンを上下に回すことで、写真を拡大表示したり、サムネイル表示に戻したりすることができます。

MEMO 「カメラ」アプリでiPhoneのカメラを操作する

ホーム画面で をタップすると、ペアリングしているiPhoneのカメラと連携してリモート撮影ができます。集合写真の撮影時など、iPhoneから離れて撮影するときに便利です。

Apple Watchに同期する写真を設定する

1 iPhoneのホーム画面で、[Watch]→[マイウォッチ]の順にタップし、[写真]をタップします。

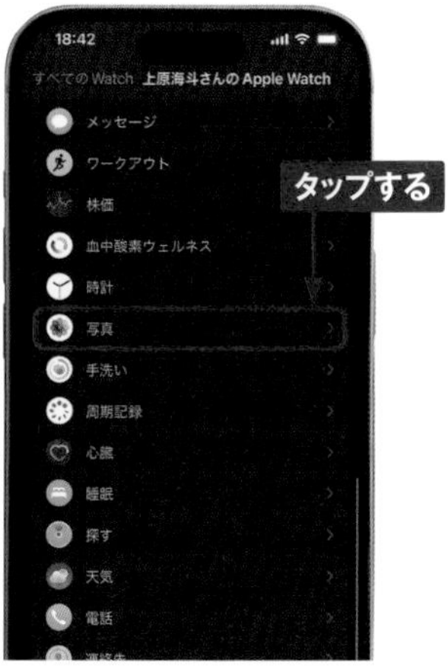

2 [アルバムを同期]をタップします。

3 iPhoneに設定されているアルバムをタップすると、そのアルバムの写真がApple Watchに同期されます。

MEMO **写真の容量を管理する**

Apple Watchで表示できる写真容量の上限は変更することができます。上限を変更するには、手順②の画面で[写真の上限]をタップし、容量を選んでタップします。上限を大きくし過ぎると、ほかのデータなどが入らなくなってしまう場合もあるので、適度に調整しておきましょう。

Live Photosを表示する

Live Photosとは、シャッターを切った前後の1.5秒ずつの映像を記録する機能です。動きをくり返し再生する「ループ」や動きの再生と巻き戻しをくり返す「バウンズ」などといったLive Photos独自のエフェクトを楽しむことができ、iPhoneで撮影したLive PhotosをApple Watchで見ることができます。

1 P.192手順③の画面で、Live Photosの写真をタップします。

2 画面左下の◎をタッチ（長押し）したままにすると、Live Photosが再生されます。

MEMO

スクリーンショットを撮影する

Apple Watchは表示中の画面をそのまま画像として保存できる、「スクリーンショット」の機能を備えています。スクリーンショットした画面は、iPhoneの「写真」アプリ内にある「アルバム」の「スクリーンショット」に保存されます。プライバシーに関わる場合など、一部の画面ではスクリーンショットを保存することができません。

Apple Watchでスクリーンショットを撮影するには、「設定」アプリを起動し、[一般]→[スクリーンショット]の順にタップして、「スクリーンショットを有効にする」の⚪をタップして⚪にしておきます。

Apple Watchを もっと便利に使う

Section 69　アプリをインストールする
Section 70　アプリを削除する／非表示にする
Section 71　LINEを利用する
Section 72　集中モードで通知を停止する
Section 73　Siriを利用する
Section 74　ショートカットを作る
Section 75　iPhoneの画面に写して操作する
Section 76　家族や子どものApple Watchを管理する

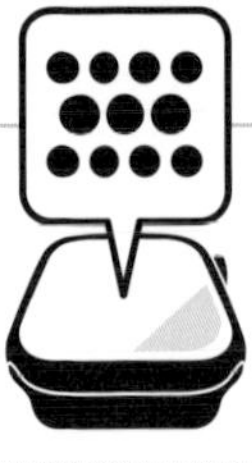

アプリをインストールする

標準アプリ以外のApple Watchのアプリは、iPhoneのアプリのサブセットになっています。Apple WatchとiPhoneのどちらかにアプリをインストールすると、もう一方にも自動的にインストールされます。

Apple Watchからアプリをインストールする

Apple Watchの「App Store」アプリから、アプリをインストールするには、あらかじめパスコード（Sec.81参照）の設定が必要になります。

1 ホーム画面でをタップし、「App Store」アプリを起動します。

2 をタップします。

3 検索キーワードをキーボードまたは音声で入力し、［検索］をタップします。

MEMO インストールしたアプリを確認する

手順②で画面を上方向にスワイプし、［アカウント］をタップします。［購入済み］をタップするとインストール済みのアプリが、［アップデート］をタップするとアップデートが必要なアプリが表示されます。

4 検索結果や候補が表示されます。インストールしたいアプリをタップします。

5 [入手]または[¥○○]をタップします。

6 パスコードを求められたら、[パスコードをオンにする]をタップして設定します(Sec.81参照)。

7 サイドボタンを2回押します。

8 インストールが始まります。

9 インストールが終わるとホーム画面にアプリが表示され、iPhoneにもインストールされます。

8

iPhoneからアプリをインストールする

iPhoneの「App Store」アプリからアプリをインストールする場合は、検索候補の中からApple Watch対応アプリを絞り込みます。

1 iPhoneで「App Store」アプリを起動して、[検索]をタップします。

2 画面上部の入力欄に、検索キーワードを入力します。

3 検索候補の末尾に(Watchアプリ)と表示されているのが、Apple Watch対応のアプリなので、選んでタップします。

MEMO 有料アプリをインストールする

有料アプリをインストールするには、支払い方法の登録が必要です。「App Store」アプリを起動して画面右上の自分のアカウントアイコンをタップします。アカウント名をタップし、[お支払い方法を管理]をタップしてクレジットカードなどを登録します。

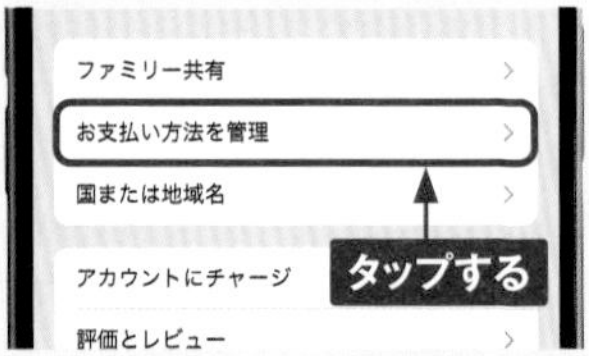

4 検索結果や候補が表示されます。インストールしたいアプリをタップします。

5 [入手] または [¥○○] → [インストール] の順にタップします。Apple IDのパスワードを入力して、[サインイン] をタップします。確認画面が表示されたら、[常に要求] または [15分後に要求] をタップします。

6 iPhoneにアプリがインストールされ、Apple Watchにもインストールされます。

MEMO

自動インストールを無効にする

Apple Watchへの自動インストールを無効にするには、iPhoneのホーム画面で [Watch] → [マイウォッチ] → [一般] の順にタップして、「アプリの自動インストール」の をタップして にします。

8

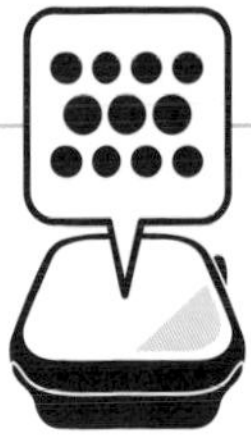

アプリを削除する／非表示にする

使わないアプリは、Apple Watchから削除してホーム画面を整理しましょう。なお削除ではなく、アプリをホーム画面に表示しないようにすることもできます。

Apple Watchからアプリを削除する

アプリの削除は、Apple Watchのホーム画面から行うことができます。この場合、Apple Watchのアプリを削除しても、iPhoneのアプリは削除されません。

1 ホーム画面をタッチ（長押し）します。

2 アイコンが細かく揺れ出すので、削除したいアプリをタップします。

3 ［アプリを削除］をタップします。

4 アプリが削除され、揺れも止まります。

iPhoneからアプリを削除する

iPhoneのアプリを削除すると、自動的にApple Watchのアプリも削除されます。

1 iPhoneのホーム画面で、削除したいアプリをタッチ（長押し）し、［アプリを削除］をタップします。

2 ［アプリを削除］をタップします。

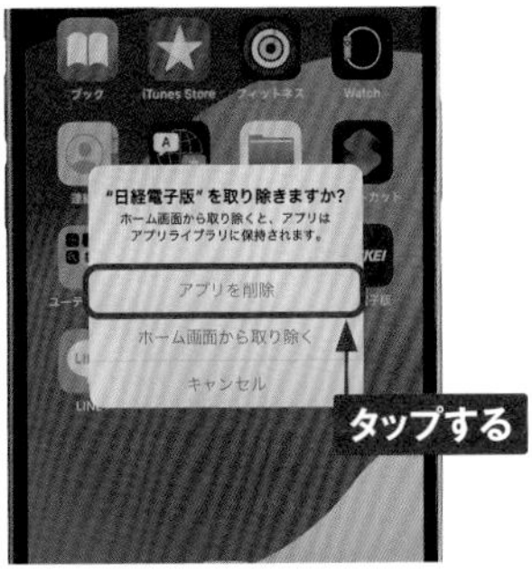

3 ［削除］をタップします。

4 アプリが削除されます。Apple Watchのアプリも削除されます。

MEMO **標準アプリを再インストールする**

Apple Watchの標準アプリを削除した場合、iPhoneの「Watch」アプリでも完全に削除されます。再インストールするには、「Apple Store」アプリを起動し（P.196参照）、入力欄に「Apple」と入力して検索すると、標準アプリが表示されるので、再インストールすることができます。

削除したアプリを再インストールする

削除したアプリは、Apple Watchの「App Store」アプリに情報が残るので、すぐに見つけて再インストールすることができます。

1 P.196手順②の画面を上方向にスワイプして、一番下の[アカウント]をタップします。

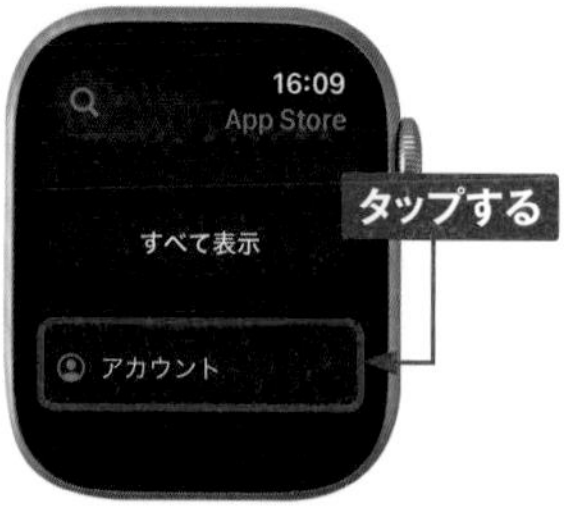

2 [購入済み]をタップします。

3 これまでにインストールしたアプリが表示されます。

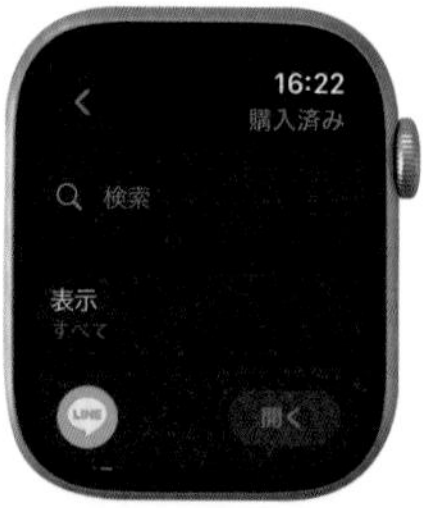

4 再インストールするアプリを選んで☁をタップします。

5 アプリがApple Watchに表示されます。

MEMO iPhoneからアプリを再インストールする

P.201の方法で、Apple Watchから削除したアプリは、iPhoneの「Watch」アプリから再インストールすることもできます。

Apple Watchのアプリを非表示にする

① iPhoneで「Watch」アプリを起動し、非表示にするアプリをタップします。

② 「アプリをApple Watchで表示」のをタップしてにすると、Apple Watchで非表示になります。

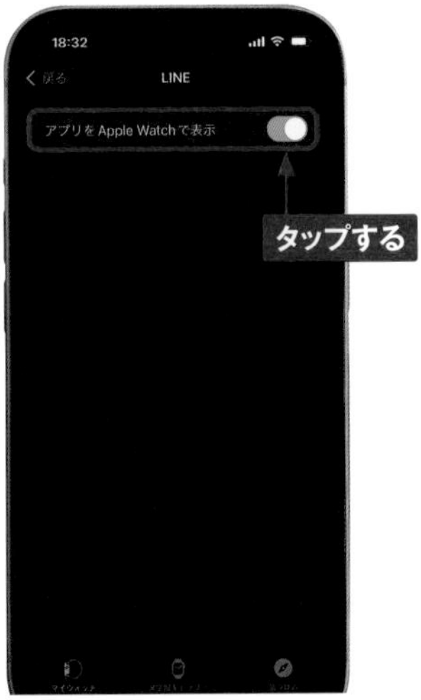

MEMO **必要なアプリだけを表示する**

子どもにApple Watchを持たせる際などに、不要なアプリを非表示にし、必要なアプリだけを画面に表示することができます。iPhoneのホーム画面で［設定］→［スクリーンタイム］→［コンテンツとプライバシーの制限］の順にタップしたら、「コンテンツとプライバシーの制限」のをタップしてにします。［許可されたアプリ］をタップし、不要なアプリのをタップしてにすると、Apple Watchのホーム画面でもアプリのアイコンが非表示になります。

LINEを利用する

Apple Watchに「LINE」アプリをインストールすると、メッセージの確認や返信ができます。通知がApple Watchに届くため、いちいちiPhoneを見る必要がありません。ただし、スタンプはあらかじめ登録されているもの以外は使えないなどの制限があります。

「LINE」アプリを利用する

「LINE」アプリを利用すると、iPhoneの「LINE」アプリに届いたメッセージを確認したり、友だちにメッセージを送信したりすることができます。iPhoneを取り出さなくてもすぐにメッセージを確認することができます。
メッセージはキーボードや音声を使って入力できるほか、定型文から選んで送ることもできます。定型文は編集することが可能なので、頻繁に使用する単語を登録しておくとよいでしょう。iPhoneの「LINE」アプリを起動し、［ホーム］→⚙→［Apple Watch］の順にタップして行います。
スタンプは、あらかじめ登録されているものしか使えませんが、かんたんな返事をしたいときに便利です。

音声入力またはキーボード入力でメッセージを送ることができます。あらかじめ登録されているスタンプを送ったり、ボイスメッセージを送ったりすることもできます。

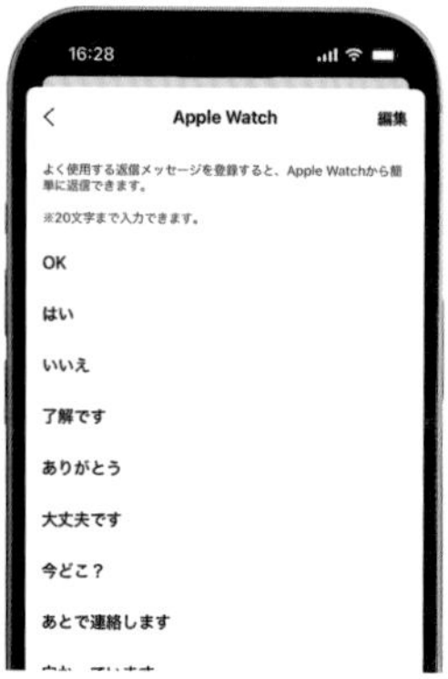

よく使用するメッセージを登録しておくと、ワンタップでかんたんに送信できます。返信メッセージの登録はiPhoneの「LINE」アプリから行います。

Section 72 Focus

集中モードで通知を停止する

「集中モード」を利用すると、不要な通知を遮断することができます。集中モードには「おやすみモード」（P.36参照）「パーソナル」「仕事」「睡眠」の4種類があり、それぞれ通知を許可する連絡先やアプリをiPhoneから設定することができます。

集中モードを利用する

「集中モード」をオンにすると、一時的にすべての通知をオフにしたり特定の通知だけを表示されるようにしたりすることができます。「集中モード」は、Apple WatchやiPhoneのコントロールセンターから実行します。またデフォルトで、iPhoneの設定がApple Watchに反映されます。
「睡眠」は「睡眠」アプリで設定したスケジュール（P.160参照）をもとに自動的にオンになります。「パーソナル」と「仕事」は、それぞれ別の設定を行っておくと、生活シーンに応じて使い分けることができます。

●iPhoneで集中モードを設定する

1 iPhoneの画面上部を下方向にスワイプして、コントロールセンターを表示し、[集中モード]をタップします。

2 集中モードを選んでタップします。

③ ［集中モードをカスタマイズ］をタップします。

④ ［連絡先］をタップします。

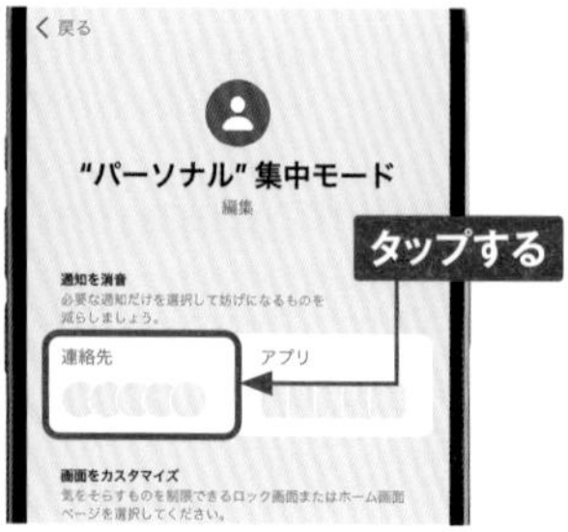

⑤ ［通知を許可］をタップしてチェックを付け、通知を許可する連絡先を設定し、［次へ］をタップします。

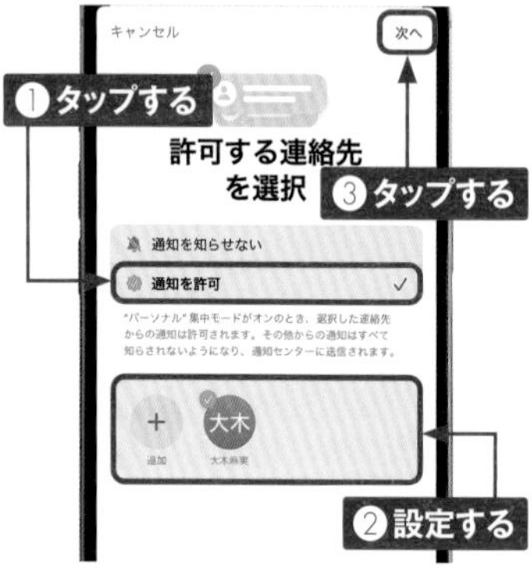

⑥ 「許可する着信を選択」画面が表示されます。［通知される連絡先のみ］をタップしてチェックを付け、［完了］をタップします。

⑦ ［アプリ］をタップします。

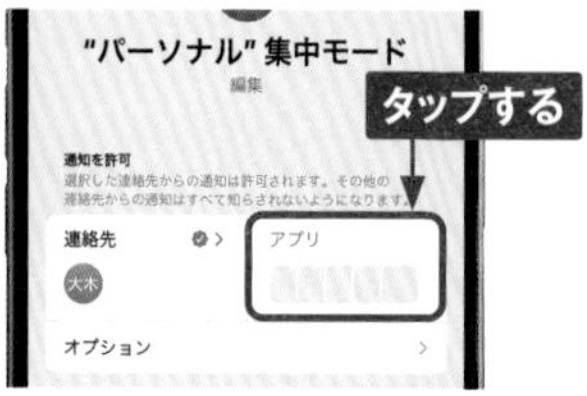

⑧ ［通知を許可］をタップしてチェックを付け、通知を許可するアプリを設定し、［完了］をタップします。

●集中モードを実行する

1 Apple Watchでサイドボタンを押してコントロールセンターを表示します。

2 🌙をタップします。

MEMO 集中モード中も通知されないようにする

集中モード中もいっさいの通知を受け取りたくない場合は、前ページの手順⑤と⑧の画面で［通知を知らせない］をタップしてチェックを付け、連絡先やアプリの設定をしないでおくと、通知が届きません。

3 集中モードを選んでタップします。

4 有効時間をタップします。

5 1時間、集中モードが有効になり、許可した通知だけになります。

Siriを利用する

Siriを利用すると、通話をかけたり、「メール」 アプリを起動したりといったタスクの実行や、質問した答えをApple Watch上に直接表示することもできます。 Series9/Ultra2では、オフラインでもSiriの一部の機能を利用できます。

Siriを設定する

P.25を参考に「設定」アプリを起動して、[Siri]をタップします。「"Hey Siri"を聞き取る」「手首を上げて話す」「Digital Crownを押す」がになっていることを確認します。Siriの起動をオフにしたい場合はをタップしてにすると、それぞれの起動方法がオフになります。

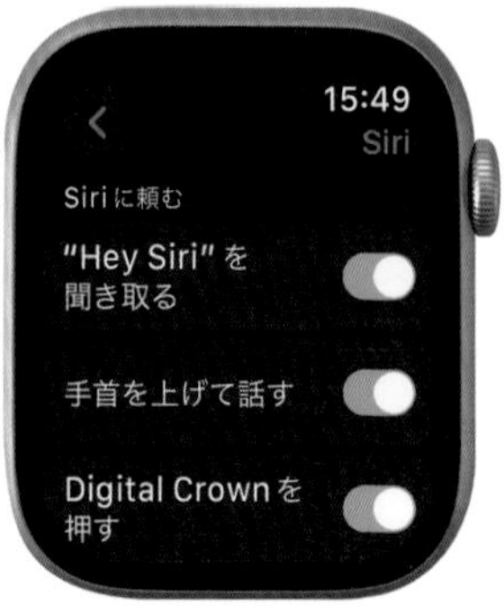

Siriの便利な使い方

Siriに話しかけるだけでアプリを起動したり、Apple Watch本体やアプリを操作したりすることができます。また、タスクの実行だけでなく、質問した答えをApple Watch上に表示することもできます。

アプリの起動	本体やアプリの操作	一般的な質問
「メールアプリを起動して」 「睡眠アプリを開いて」 「設定を開いて」 「新しいメッセージを開いて」 「明日の予定を教えて」 など	「○○の曲が聴きたい」 「音楽を止めて／再開して」 「○○まで道案内して」 「20分の屋外ランニングを開始して」 「○○に電話をかけて」 など	「現在地を教えて」 「今かかっている曲は何」 「中国語でお久しぶりですはなんて言うの」 など

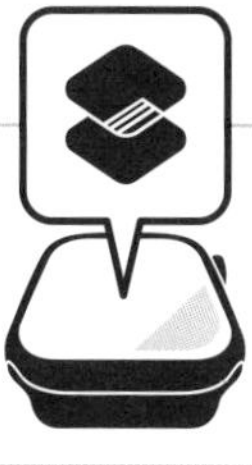

ショートカットを作る

iPhoneで行う複数の操作や機能をショートカットとして登録しておくと、これまで数回のステップを踏んでいた操作をまとめて行うことができます。作成したショートカットはApple Watchの「ショートカット」アプリにも登録され、Siriからかんたんに実行できます。

ショートカットを作成する

「ショートカット」アプリはさまざまなアプリと連携します。たとえば、現在地から自宅までの帰り道を表示するのに、「マップ」アプリを開き、自宅までの経路を入力して、ナビゲーションを開始するといったiPhoneの操作を1つのショートカットとして作成しておくとワンタップで自宅までの経路案内が自動的に実行されます。

1 iPhoneのホーム画面で［ショートカット］をタップします。

2 「すべてのショートカット」画面で、画面右上の＋をタップします。

3 ［アクションを追加］をタップします。

4 ［アプリ］→［マップ］→［経路を開く］の順にタップします。

5 「現在地」「目的地」「（移動手段）」をそれぞれ設定し、[完了]をタップします。

6 「経路を開く」という名前のショートカットが作成されます。

7 Apple WatchでSiriを起動し（P.28参照）、「Hey Siri "経路を開く"」と話しかけます。

8 「経路を開く」のショートカットが実行されます。手順⑤の画面で[経路を開く]→[名称変更]の順にタップすると、ショートカットの名前を変更できます。

MEMO

Apple Watchにショートカットが表示されない

作成したショートカットがApple Watchに表示されないときは、iPhoneで「ショートカット」アプリを起動し、ショートカットの⋯→ⓘの順にタップします。「Apple Watchに表示」が◯になっていることを確認しましょう。

ショートカットを利用する

「帰宅時間を「メッセージ」アプリで送信」「自宅までの経路を検索」「新規メモを追加（Apple Watchに「メモ」アプリはありませんが、iPhoneの「メモ」アプリにメモを追加できます）」などのショートカットを追加しておくと便利です。また、Apple Watch Ultra/Ultra2では、ショートカットをアクションボタンに割り当てることができ（P.30参照）、1回押すだけでショートカットを実行できます。

●Ultraのアクションボタンにショートカットを追加する

P.30を参考にアクションボタンの設定画面を表示し、[ショートカット] →<→[ショートカット]の順にタップします。作成したショートカット一覧からアクションボタンに設定したいショートカットをタップして選択します。

●オートメーションを設定してショートカットを自動化する

オートメーションとは、設定した時刻や動作などによって自動的にショートカットが実行されるトリガーのようなものです。P.209手順②の画面で［オートメーション］→初回起動時は［新規オートメーション］の順にタップします。各オートメーション（起動条件）をタップして選択し、"いつ"起動するかを設定して組み合わせるショートカットを選択します。たとえば「平日17時に母親に学校を出たとメールする」「iPhoneが職場のWi-Fiに接続したときに集中モードをオンにする」のような細かい設定ができます。

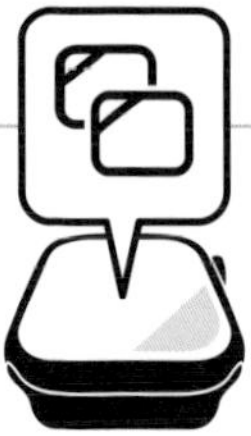

iPhoneの画面に写して操作する

Series6以降とUltra/Ultra2は、Apple Watchの画面を、ペアリングしているiPhoneの画面に表示して操作することができます。Apple Watchの画面をタップしなくても、iPhoneの画面から同様の操作をすることができます。

Apple Watchの画面をiPhoneに表示する

1 iPhoneのホーム画面で[設定]→[アクセシビリティ]の順にタップします。

2 [Apple Watchミラーリング]をタップします。

3 「Apple Watchミラーリング」の をタップします。

4 Apple Watchの画面が表示されます。

5 iPhoneに画面を写している間は、Apple Watchの画面に青い枠が表示されます。

6 P.212手順④の画面でデジタルクラウンをタップするとホーム画面が表示されます。

7 P.212手順④の画面でデジタルクラウンをタッチ（長押し）するとSiriが起動します。

8 デジタルクラウンとサイドボタンを同時にタップするとスクリーンショットを撮影できます。ミラーリングを終了するときは×をタップします。

8

Section 76 Family setup

家族や子どもの Apple Watchを管理する

「ファミリー共有機能」を利用すると、1台のiPhoneに複数のApple Watchをペアリングして管理できるようになります。iPhoneを持たない子どもや高齢者でもApple Watchを利用できます。

ファミリーメンバー用のApple Watchを設定する

ファミリーメンバー用のApple WatchにApple IDを設定しておくと、家族同士でメッセージをやり取りすることができます。また、auのウォッチナンバープランに加入すると個別の電話番号が割り当てられ、通話することも可能です。ファミリーメンバー用に設定できるApple Watchは、GPS+CellularモデルのSeries4以降とUltra/Ultra2/SE/SE2です。

8

1 iPhoneで[Watch]→[マイウォッチ]→[すべてのWatch]の順にタップします。

2 [Watchを追加]をタップします。

3 [ファミリーメンバー用に設定]→[続ける]の順にタップします。

4 「データとプライバシー」画面が表示されたら[続ける]をタップし、次の画面で[続ける]をタップします。

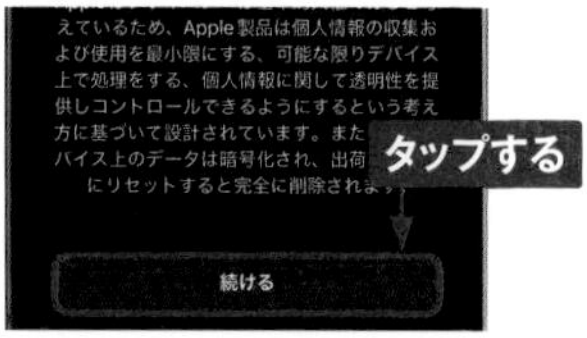

5 追加するApple Watchのディスプレイ部分が、iPhoneのファインダーに映るようにします。

6 [Apple Watchを設定]をタップし、Sec.04を参考にファミリーメンバーのApple Watchを設定します。

7 設定が完了すると、「ファミリーウォッチ」が表示されます。[完了]をタップします。

MEMO

ファミリーメンバー用のApple Watchの制限

ファミリーメンバー用に設定したApple Watchには、いくつか制限があります。たとえば、ペアリングしたiPhoneのロックを解除するとApple Watchのロックも解除される機能は適用されません。また、アプリを削除しても、ペアリングしているiPhoneからは削除されません。なお、「血中酸素ウェルネス」や「周期記録」「睡眠」「Podcast」などの一部のアプリは利用できません。

8

ファミリーメンバーの位置情報を確認する

ファミリーメンバーがApple Watchを身に着けていると、GPSでiPhoneからその居場所を確認することができます。充電状況も把握できるため、万一のときでも安心です。なお、Apple Watchの「人を探す」アプリからも確認することができます。

1 iPhoneのホーム画面で[探す]をタップします。

2 [人を探す]をタップします。

3 ファミリーメンバーの位置情報が地図で表示されます。メンバーのアカウントをタップします。

4 連絡先を表示したり、居場所までの経路を表示したりすることができます。

Chapter
9

Apple Watchの設定を変更する

Section 77　Apple Watchを設定する
Section 78　ホーム画面を設定する
Section 79　常時表示の設定を変更する
Section 80　AssistiveTouchを利用する
Section 81　パスコードを設定する
Section 82　Apple WatchでiPhoneのロックを解除する
Section 83　iPhoneからApple Watchを探す
Section 84　初期化する
Section 85　バックアップから復元する
Section 86　アップデートする

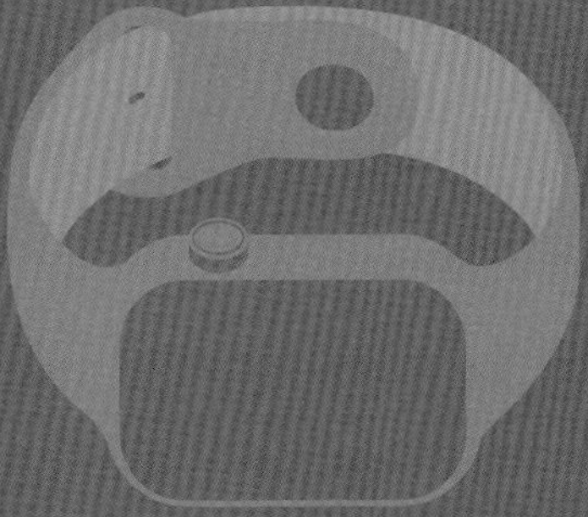

Section 77 Settings

Apple Watchを設定する

「設定」アプリでは、画面の明るさやテキストサイズの変更など、Apple Watchのさまざまな設定が行えます。より使いやすい設定に変更してみましょう。

● iPhoneを操作する

9

[アクセシビリティ] → [近くのデバイスを操作] の順にタップし、[○○のiPhone] をタップします。アイコンをタップして「ホーム」「Appスイッチャー」「通知センター」「コントロールセンター」「Siri」など、iPhoneを操作することができます。

● 装着する腕やデジタルクラウンの向きを変える

[一般] → [向き] の順にタップします。装着する腕を変更する場合は「手首」、デジタルクラウンの向きを変える場合は「Digital Crown」の [左] または [右] をタップします。

● Siriの声を変更する

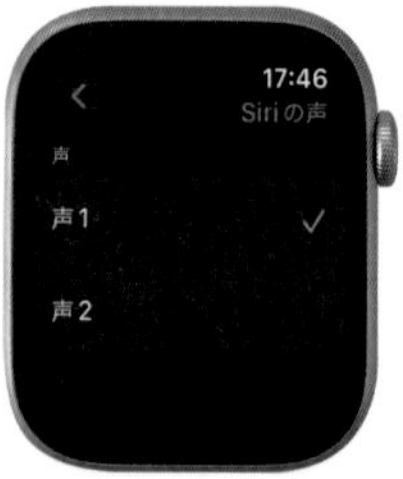

[Siri] をタップして、[Siriの声] をタップします。[声○] をタップすると、声が流れるので、好みの声をタップして選択することができます。

●明るさを変更する

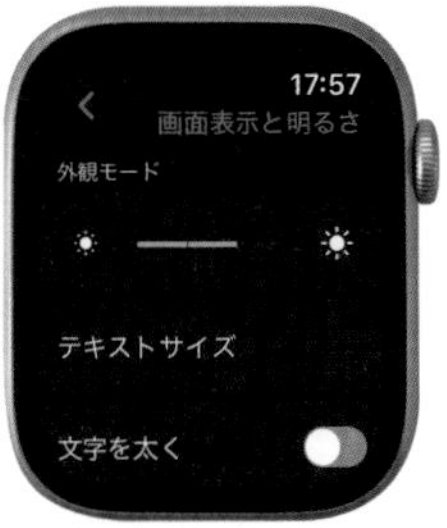

[画面表示と明るさ] をタップします。画面右側の☼をタップすると画面が明るく、左側の☼をタップすると画面が暗くなります。

●テキストサイズを変更する

[画面表示と明るさ] → [テキストサイズ] の順にタップします。画面左側の [ぁあ] をタップするとテキストサイズが小さく、画面右側の [ぁあ] をタップすると大きくなります。

●音声で時刻を確認する

[時計] をタップし、「時刻を読み上げる」の◯をタップして◯にします。文字盤を2本指でタッチ（長押し）すると、現在時刻がSiriの音声で読み上げられます。

●Siriの応答モードを変更する

[Siri] → [Siriの応答] の順にタップすると、「常にオン」「消音モード で制御」「ヘッドフォンのみ」の中から応答モードを設定できます。

MEMO デジタルクラウンのショートカットを設定する

[アクセシビリティ] → [ショートカット] の順にタップすると、デジタルクラウンをすばやく3回押した（トリプルクリックした）ときに実行する操作を設定できます。

●ズーム機能を利用する

[アクセシビリティ] → [ズーム機能] の順にタップします。をタップしてにすると、2本指のダブルタップで表示を拡大／縮小できます。

●文字を太くする

[アクセシビリティ] をタップします。「文字を太く」のをタップしてにすると、文字が太くなります。

●画面タッチを調整する

[アクセシビリティ] → [タッチ調整] → [タッチ調整] の順にタップすると、タッチの保持継続時間を変更できるほか、複数回のタッチを1回とみなすように設定を変更できます。

●サイドボタンのクリックの間隔を変更する

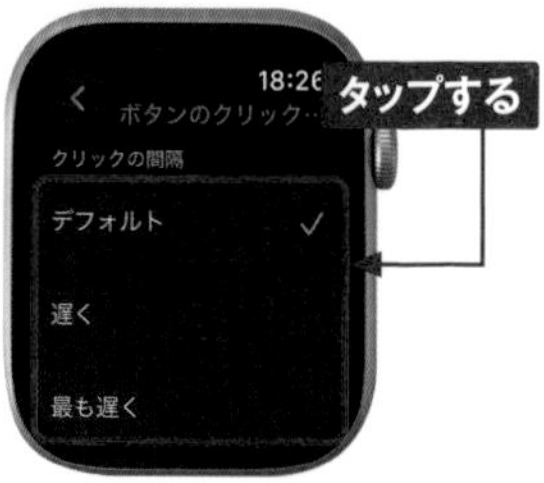

[アクセシビリティ] をタップします。[ボタンのクリックの間隔] をタップすると、サイドボタンのダブルクリックとみなされる間隔を選択できます。

MEMO **画面をグレイスケールにする／透明度を下げる**

[アクセシビリティ] をタップし、[カラーフィルタ] →「カラーフィルタ」の→ [グレイスケール] の順にタップすると、画面全体が白黒になるグレイスケールを使用できます。「透明度を下げる」のをタップしてオンにすると、一部の背景の透明度が低減して文字が読みやすくなります。

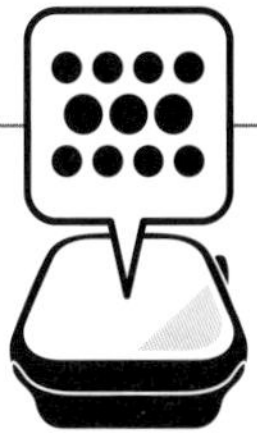

ホーム画面を設定する

ホーム画面のレイアウトの変更も、Apple Watchから行えます。よく使うアプリを画面中央近くに配置したり、ホーム画面をリスト表示にしたりすることで、より快適にApple Watchを使用できます。

アプリアイコンのレイアウトを変更する

●アイコンの位置を入れ替える

① ホーム画面をタッチ（長押し）するとアイコンが揺れ動きます。配置を変更したいアイコンをドラッグします。

●アイコンのレイアウトをリセットする

① ホーム画面で⚙→［一般］→［リセット］→［ホーム画面のレイアウトをリセット］の順にタップすると、アイコンの配置が工場出荷時と同じ状態になります。

MEMO アプリをリスト表示にする

デジタルクラウンを上方向に回すか、画面を上方向にスワイプして、［リスト表示］をタップすると、ホーム画面のアプリがリスト表示になります。

常時表示の設定を変更する

Series5以降とUltra/Ultra2は、手首を下げているときでも常に画面が表示されます。手首を下げているときにディスプレイを消灯（スリープ状態）したり、コンプリケーションを非表示にして、プライバシーに関わる情報を他人に見られないようにすることもできます。

常時表示しないようにする

① 「設定」アプリを起動し、[画面表示と明るさ] をタップします。

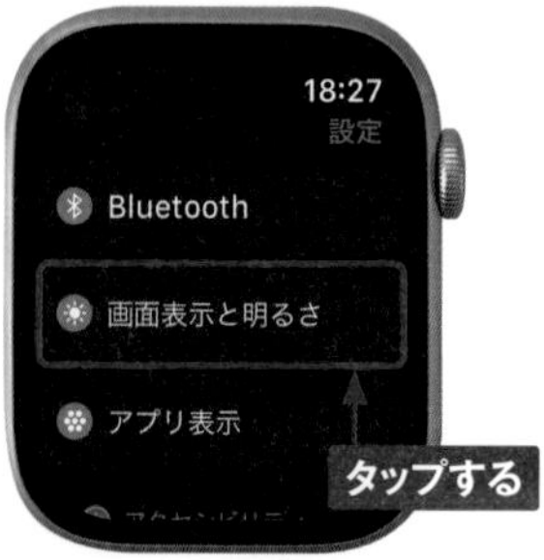

② [常にオン] をタップします。

③ 「常にオン」の をタップします。

④ 常時表示しないようになります。

コンプリケーションを常時表示しないようにする

コンプリケーションは、すべてを非表示にしたり、コンプリケーションごとに非表示にしたりすることができます。手順②の画面で「コンプリケーションのデータの表示」のをタップしてオフにすると、すべてのコンプリケーションが非表示になります。任意のアプリのをタップしてオフにすると、そのアプリが非表示になります。

① P.222手順③の画面で、[コンプリケーションのデータの表示]をタップします。

② 「コンプリケーションのデータの表示」のをタップしてオフにします。

③ 常時表示機能は維持されますが、腕を上げていないときはコンプリケーションが非表示になります。

MEMO バッテリーの消費

常時表示は多くのバッテリーを消費します。バッテリーの消費を抑えたいときはオフにしておくのがおすすめです。

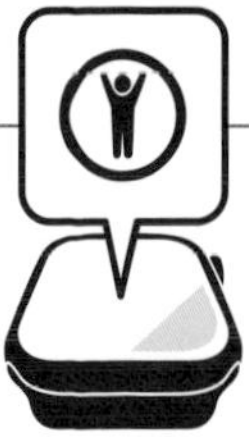

AssistiveTouchを利用する

Series6以降とUltra/Ultra2/SE/SE2では、片手のハンドジェスチャだけでApple Watchを操作できる「AssistiveTouch」を利用できます。画面にタッチしなくても操作できるため、片手がふさがっているときに便利です。

AssistiveTouchを有効にする

① ホーム画面で⚙をタップして「設定」アプリを起動します。

② ［アクセシビリティ］をタップします。

③ ［AssistiveTouch］をタップします。

④ 「AssistiveTouch」の◯をタップして◯にします。

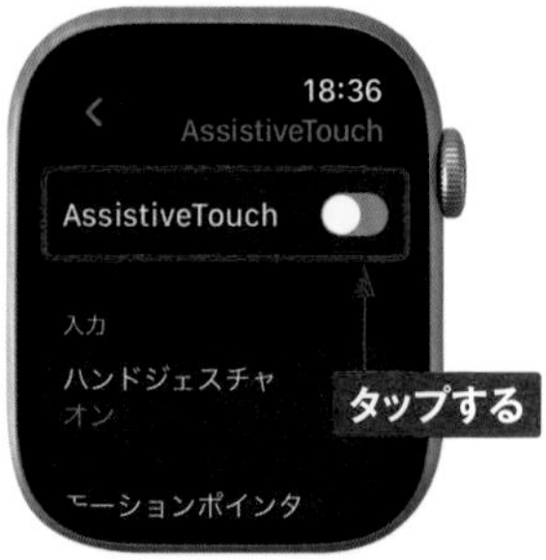

ハンドジェスチャの操作

ハンドジェスチャには、次の項目に移動する「ピンチ」（人差し指と親指をタップ）、1つ前の項目に戻る「ダブルピンチ」（人差し指と親指をすばやく2回タップ）、項目をタップする「クレンチ」（手を握る）、アクションメニューを表示する「ダブルクレンチ」（手をすばやく2回握る）の4種類があります。
「設定」アプリを開いて、[アクセシビリティ] → [AssistiveTouch] → [ハンドジェスチャ] → [詳しい情報] の順にタップすると、ハンドジェスチャの詳しい使い方をアニメーションで確認することができます。

ピンチ

人差し指と親指をタップすることを「ピンチ」といいます。

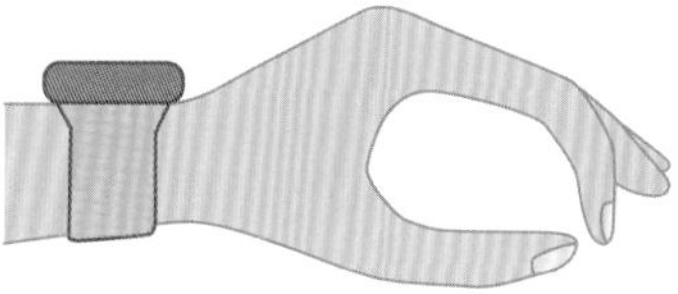

ダブルピンチ

人差し指と親指をすばやく2回タップすることを「ダブルピンチ」といいます。

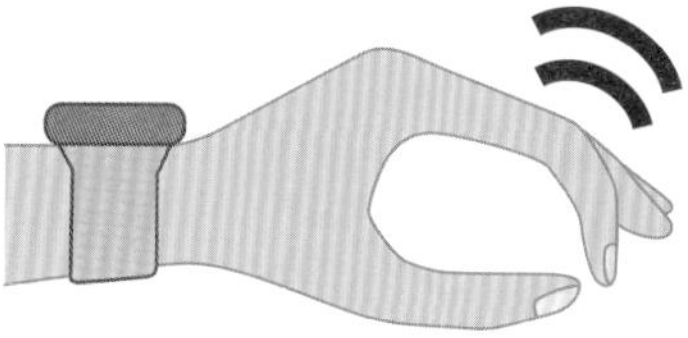

クレンチ

手全体を握りしめてグーを作ることを「クレンチ」といいます。

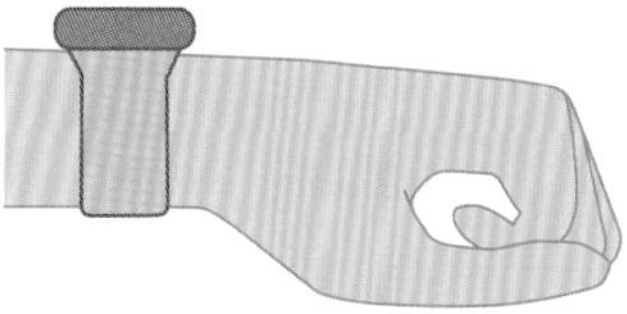

ダブルクレンチ

手全体を握りしめてグーをすばやく2回作ることを「ダブルクレンチ」といいます。

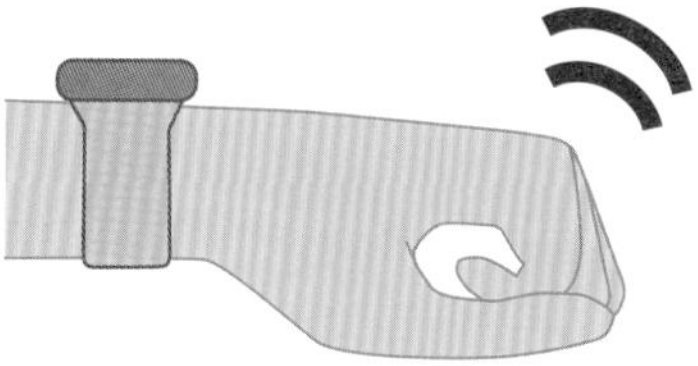

ジェスチャで操作する

① 選択されている場所には、青いリングが表示されます。

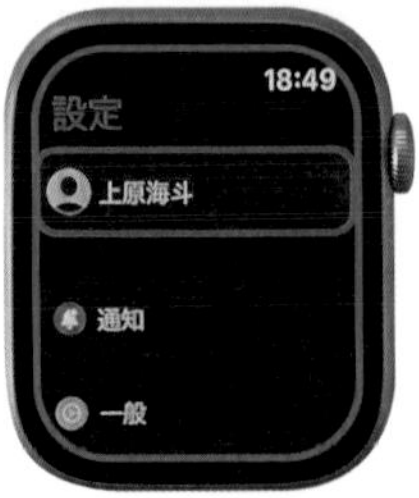

② ジェスチャで項目を選択します。ダブルクレンチすると、アクションメニューが表示されます。

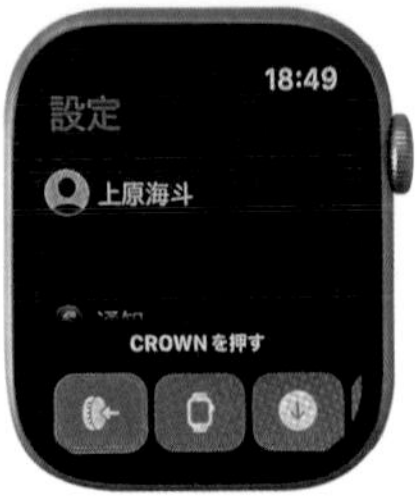

ジェスチャをカスタマイズする

① P.224手順④の画面で[ハンドジェスチャ]をタップし、ジェスチャを選んでタップします。

② 実行したいアクションを選んでタップします。

MEMO クイックアクションを使う

クイックアクションを使うと、Apple Watchの画面操作を片手のジェスチャだけで行うことができます。たとえば、通知が届いたり、電話がかかってきたりしたときに、ダブルピンチで操作することができます。クイックアクションのオン／オフを切り替えるには、⚙→［アクセシビリティ］→［クイックアクション］の順にタップします。「クイックアクション」の⬜をタップして⬜にします。

パスコードを設定する

パスコードを設定すると、Apple Watchを腕から外したときにロックされ、操作には4桁の数字の入力が必要になります。他人にApple Watchを使われたり見られたりするのを防ぐことができます。

パスコードを設定する

Apple Watchのパスコードは、ペアリングしたiPhoneと共通ではなく、別のものになります。また、Apple Payの利用（Chapter 3参照）やアプリのインストール（Sec.69参照）には、パスコードの設定が必須となります。

① ホーム画面で⚙をタップして「設定」アプリを起動します。

② 画面を上方向にスワイプし、［パスコード］をタップします。

③ ［パスコードをオンにする］をタップします。

④ 4桁のパスコードを入力し、もう一度パスコードを入力します。

⑤ パスコードが設定されました。

⑥ 腕から外しているときは、パスコードの入力画面が表示されるので、パスコードを入力してロックを解除します。

MEMO 腕から外してもロックされない

Apple Watchを腕から外してもロックされない場合は、iPhoneのホーム画面で［Watch］→［パスコード］の順にタップし、「手首検出」の ● をタップしてオンにします。

⑦ パスコードの設定をオフにしたい場合は、P.227手順③の画面を表示し、［パスコードをオフにする］をタップします。

MEMO iPhoneからApple Watchのパスコードをオフにする

Apple Watchでパスコードを入力したら、iPhoneのホーム画面で［Watch］をタップし、［マイウォッチ］→［パスコード］の順にタップします。［パスコードをオフにする］をタップすると、Apple Payで設定したカードがApple Watchで使えなくなるという内容の文言が表示されます。続けて、［パスコードロックをオフにする］をタップすると、パスコードをオフにできます。

Apple Watchで iPhoneのロックを解除する

Apple Watchを装着していれば、マスクやサングラスをしていても、iPhoneに視線を向けるだけでiPhoneのロックを解除できます。利用にはパスコードとFace IDの設定が必要です。

iPhoneのロックを解除する

① iPhoneのホーム画面で［設定］をタップします。

② ［Face IDとパスコード］をタップし、パスコードを入力します。

③ ［Face IDをセットアップ］をタップします。

④ ［開始］をタップします。

5 枠内に自分の顔を写し、ゆっくりと顔を動かして円を描きます。

6 1回目のスキャンが終了します。「マスク着用時にFace IDを使用する」画面が表示されるので、必要に応じて設定します。[あとでセットアップ]をタップします。

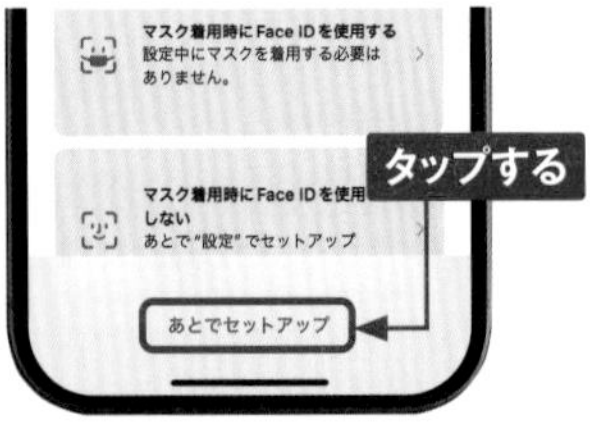

7 [完了]をタップし、「パスコードを設定」が画面が表示されたらパスコードを設定します。

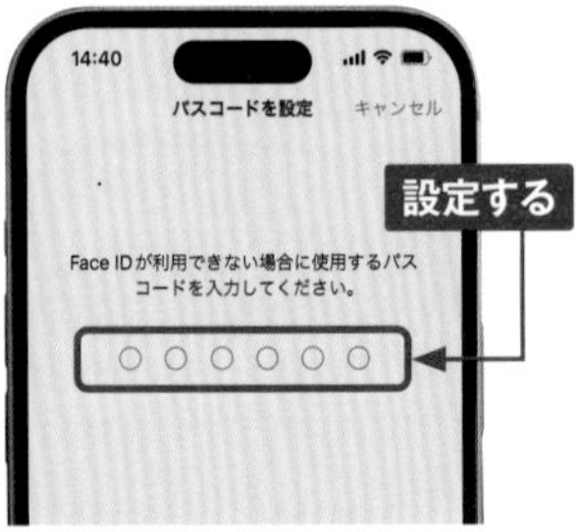

8 画面を上方向にスワイプし、「○○さんのApple Watch」の ◯ → [オンにする] の順にタップします。

9 iPhoneのロックが解除されると、振動とともにApple Watchの画面に通知されます。

MEMO

Macに自動ログインする

MacとApple Watchの両方で同じApple IDを使ってiCloudにサインインしていれば、Apple Watchを近付けるだけでMacのロックを解除できます。システム要件や設定方法については、Appleの公式サイト（https://support.apple.com/ja-jp/102442）を確認してください。

Section 83　Find

iPhoneから Apple Watchを探す

万一、Apple Watchを紛失してしまった場合は、ペアリングしているiPhoneの「探す」アプリから探すことができます。

iPhoneからApple Watchを探す

Apple Watchは、Bluetooth接続が切れてしまっていても、接続可能なWi-Fiに接続し、おおまかな位置情報を知らせます。モバイル通信契約をしたGPS+Cellularモデルは、BluetoothもWi-Fiも使えない場合にモバイル通信に接続します。

1 iPhoneのホーム画面で、[探す] をタップします。

2 [デバイスを探す] をタップし、[○○さんのApple Watch] をタップします。

MEMO Apple Watchのアクティベーションロック

Apple Watchにはアクティベーションロックという機能があり、iPhoneで「iPhoneを探す」をオンにすると自動的に有効になります。「iPhoneとのペアリングを解除する」「新しいiPhoneとペアリングして使う」「デバイスで「探す」をオフにする」といった操作を行うときには、持ち主が設定したApple IDとパスワードが必要なため、悪用される心配がありません。ただし、Apple Watchを売却や譲渡する場合には、アクティベーションロックを解除しておく必要があります（P.235MEMO参照）。

3 マップ上に、自分の現在地とApple Watchの場所が表示されます。

4 ［サウンドを再生］をタップすると、Apple Watchからアラーム音が鳴ります。「紛失としてマーク」の［有効にする］をタップすると、電話番号を記したカスタムメッセージをApple Watchに送信できます。［このデバイスを消去］をタップすると接続が解除され、悪用されるのを防ぎます。

MEMO Apple WatchからiPhoneを探す

Apple Watchを装着した状態でiPhoneが見つからないときは、ホーム画面でをタップして「探す」アプリを起動します。画面を上下にスワイプし、［○○のiPhone］をタップすると、地図上にiPhoneの場所が表示されます。上方向にスワイプすると、アラーム音を鳴らしたり、経路を確認したり、紛失モードを有効にしたりする操作が行えます。

紛失モードを有効にすると、Apple Watchにロックをかけることができ、紛失中であるというメッセージが画面に表示されます。第三者はデバイス内の個人情報にアクセスできなくなり、Apple Payの支払い情報も無効になります。

●Apple Watchを紛失モードにする

① P.232手順④の画面で「紛失としてマーク」の［有効にする］→［続ける］の順にタップします。

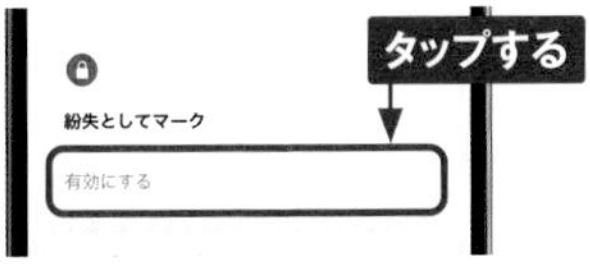

② パスコードを設定し、電話番号を入力して［次へ］をタップします。次のページで任意のメッセージを入力し、［次へ］をタップします。

③ ［有効にする］をタップすると、紛失モードになります。

●紛失モードを解除する

① P.232手順④の画面で「紛失としてマーク」の［有効化済み］をタップします。

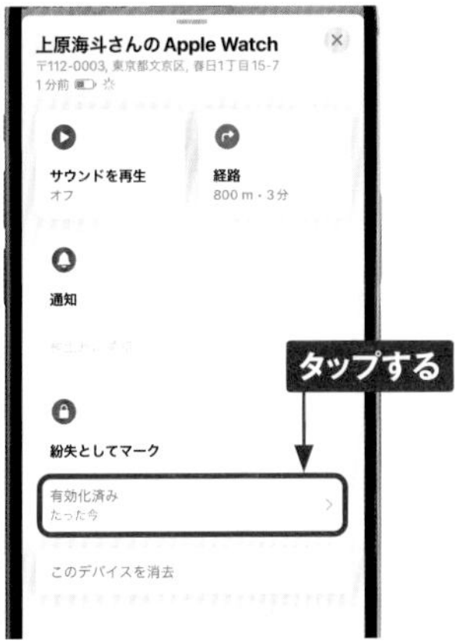

② ［紛失モードをオフにする］→［オフにする］の順にタップすると紛失モードを解除できます。

9

Section 84 Settings

初期化する

Apple Watchに不具合が生じたときは、リセットすると改善することがあります。リセットするとすべてのコンテンツが削除されますが、バックアップから復元して、リセット前の状態に戻すことができます。

Apple Watchを初期化する

① ホーム画面で⚙をタップして「設定」アプリを起動します。

② [一般]をタップします。

③ [リセット] をタップします。

④ [すべてのコンテンツと設定を消去] をタップします。

5 確認画面が表示されるので、内容を確認し、問題なければ［すべてを消去］をタップすると、初期化が始まります。

6 初期化されると、P.16手順①の画面が表示されます。

MEMO

アクティベーションロックを無効にする

iPhoneの「Watch」アプリを起動し、［マイウォッチ］→［すべてのウォッチ］の順にタップします。Apple Watchの横のⓘ→［Apple Watchとのペアリングを解除］の順にタップするとアクティベーションロックを無効にできます。

MEMO

一部の機能をリセットする

iPhoneの「Watch」アプリを起動し、［マイウォッチ］→［一般］→［リセット］の順にタップすると、初期化のほかにも3種類のリセットを実行することができます。［ホーム画面のレイアウトをリセット］をタップすると、Apple Watchのホーム画面のレイアウトがデフォルト状態にリセットされます。［同期データをリセット］をタップすると、iPhoneと同期した連絡先とカレンダーのデータが削除されます。また、［モバイル通信プランをすべて削除］をタップすると、Apple Watchに設定しているモバイル通信プランが削除されますが、通信事業者との契約はキャンセルされません（GPS+Cellularモデルのみ）。

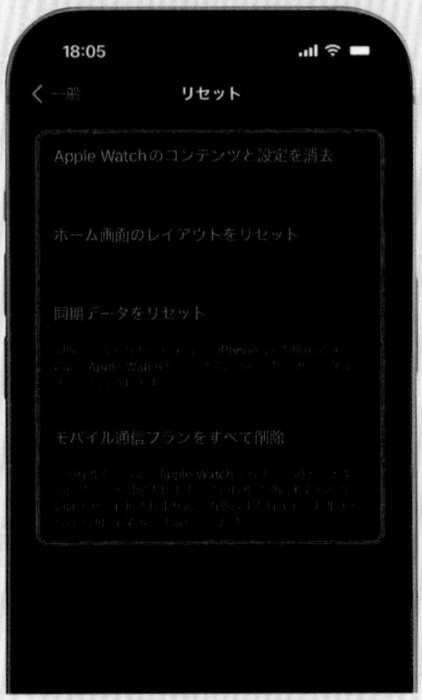

9

Section 85 Settings

バックアップから復元する

Apple Watchにインストールしているアプリやコンテンツのデータは、Apple IDのアカウントに自動的にバックアップされます。不具合解消のために初期化（Sec.84参照）した場合は、バックアップから復元しましょう。

バックアップから復元する

① iPhoneの「Watch」アプリで［ペアリングを開始］→［自分用に設定］の順にタップします。

② iPhoneのファインダーにApple Watchを合わせます。

③ ［バックアップから復元］をタップします。

④ 復元したいバックアップをタップして［続ける］をタップし、Sec.04を参考に初期設定を行います。

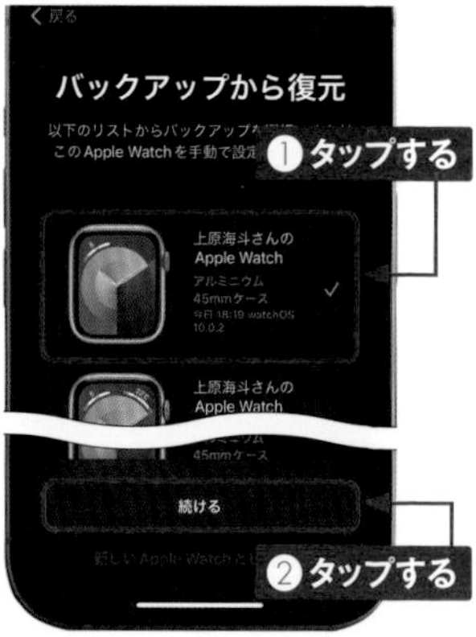

9

アップデートする

Apple Watchのソフトウェアは、iPhoneの「Watch」アプリを使ってアップデートを行うことができます。ここでは、アップデートの確認と実行の方法を解説します。

OSをアップデートする

① iPhoneのホーム画面で、[Watch]をタップします。

② [マイウォッチ]→[一般]→[ソフトウェアアップデート]の順にタップします。

③ アップデートがある場合は、[インストール]をタップして実行します。

MEMO アップデートがない場合

手順③の画面で、Apple WatchのOSのアップデートがない場合は、下記のような画面が表示されます。

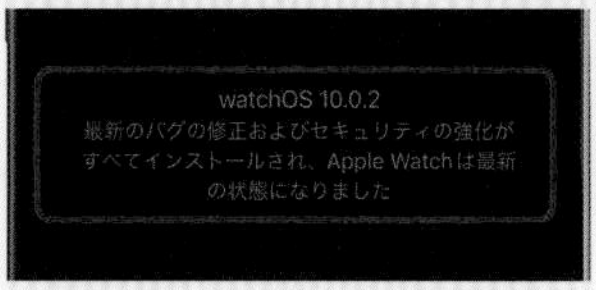
watchOS 10.0.2
最新のバグの修正およびセキュリティの強化がすべてインストールされ、Apple Watchは最新の状態になりました

9

索引

アルファベット

AirPods …… 185
Apple Pay …… 66
Apple Watch …… 8
Apple WatchからiPhoneを探す …… 232
AssistiveTouch …… 224
au PAYアプリ …… 88
Bluetoothイヤフォン …… 184
FaceTimeオーディオ …… 108
GPS+Cellularモデル …… 12
GPSモデル …… 12
ICOCAアプリ …… 85
iPhoneからApple Watchを探す …… 231
iPhoneの音楽を操作する …… 186
iPhoneの画面に写して操作する …… 212
iPhoneのキーボードで入力する …… 27
iPhoneのロックを解除する …… 229
LINE …… 204
Live Photos …… 194
Mac …… 230
nanacoアプリ …… 69
PASMOアプリ …… 85
PayPayアプリ …… 88
QWERTYキーボード …… 27
Siri …… 28, 208
Suicaアプリ …… 84
VIP …… 104
WAONアプリ …… 69

あ行

明るさを変更する …… 219
アクションボタン …… 30, 211
アクセシビリティ …… 219
アクティビティアプリ …… 114
アクティビティの通知 …… 120
アクティビティを共有する …… 124
アクティベーションロック …… 231, 235
アップデート …… 237
アプリをインストールする …… 196
アプリを再インストールする …… 202
アプリを削除する …… 200
アプリを非表示にする …… 203
アラーム …… 61
位置情報サービス …… 180
ウィジェット …… 32
ウォレット …… 86
エクスプレスカード …… 81
オートメーション …… 211
オフラインマップ …… 182
おやすみモード …… 36
音楽を再生する …… 188
音声で時刻を確認する …… 219

か行

カレンダー …… 174
キーボード …… 27
基礎体温 …… 159
機内モード …… 35
緊急地震速報/災害・避難情報 …… 43
緊急連絡先 …… 170
クイックアクション …… 226
グループ通話 …… 108
クレジットカード …… 70
血中酸素濃度 …… 148
交通系ICカードを移行する …… 80
交通系ICカードを発行する …… 78
交通系ICカードを引き継ぐ …… 76
心の健康 …… 152
コントロールセンター …… 34
コンパスウェイポイント …… 140
コンプリケーション …… 223
コンプリケーションを変更する …… 54

さ行

サイレン …… 30
サウンド測定 …… 165
時刻表 …… 179
写真を見る …… 192
周期記録 …… 157
集中モード …… 205
充電 …… 14
常時表示 …… 222

衝突検出機能 …… 169
ショートカット …… 209
初期化 …… 234
初期設定 …… 18
心電図 …… 146
振動 …… 111
心拍数 …… 155
水深 …… 142
睡眠 …… 160
スクリーンショット …… 194
スクリブル …… 27
ステータスアイコン …… 23
ストップウォッチ …… 63
ストリーミング再生 …… 191
スマートスタック …… 31
スライダ画面 …… 28
世界時計 …… 62

た行

ダイビングコンピュータアプリ …… 142
タイマー …… 62
ダブルタップ …… 26
チャイム …… 61
着信音 …… 111
通知音 …… 111
通知を確認する …… 39
通知を設定する …… 42
通知を通知センターで確認する …… 40
通知をプライベートにする …… 44
低電力モード …… 37
電源をオフにする …… 28
転倒検出機能 …… 168
電話をかける …… 105
トランシーバー …… 112

な・は行

ナイトモード …… 51
ナビゲーション …… 181
日光 …… 154
パスコード …… 227
パスサービス …… 86
バックアップから復元する …… 236
バックトレース …… 141
バッジ …… 137
バンド …… 10
ハンドジェスチャ …… 225
ファミリーメンバー …… 214
服薬 …… 163
紛失モード …… 233
ペアリング …… 16
ヘルスケア …… 144
ボイスメモ …… 177
防水ロック …… 38
ポートレート写真 …… 58
ホーム画面 …… 221

ま行

マインドフルネス …… 150
マップ …… 178
メールに返信する …… 99
メールを送る …… 97
メールを削除する …… 100
メールを読む …… 98
メッセージを送る …… 92
メッセージを読む …… 94
メディカルID …… 171
文字盤の種類 …… 49
文字盤をカスタマイズする …… 52
文字盤を切り替える …… 46
モバイル通信 …… 21

や・ら・わ行

有料アプリ …… 198
リスト表示 …… 221
リマインダー …… 175
連絡先を追加する …… 91
ワークアウト …… 126
ワークアウトの結果 …… 134
ワークアウトのゴール …… 131
ワークアウトの表示 …… 128

お問い合わせについて

本書に関するご質問については、本書に記載されている内容に関するもののみとさせていただきます。本書の内容と関係のないご質問につきましては、一切お答えできませんので、あらかじめご了承ください。また、電話でのご質問は受け付けておりませんので、必ずFAXか書面にて下記までお送りください。
なお、ご質問の際には、必ず以下の項目を明記していただきますようお願いいたします。

1 お名前
2 返信先の住所またはFAX番号
3 書名
（ゼロからはじめる Apple Watch Series 9 スマートガイド）
4 本書の該当ページ
5 ご使用のソフトウェアのバージョン
6 ご質問内容

なお、お送りいただいたご質問には、できる限り迅速にお答えできるよう努力いたしておりますが、場合によってはお答えするまでに時間がかかることがあります。また、回答の期日をご指定なさっても、ご希望にお応えできるとは限りません。あらかじめご了承くださいますよう、お願いいたします。ご質問の際に記載いただきました個人情報は、回答後速やかに破棄させていただきます。

お問い合わせの例

FAX

1 お名前
技術　太郎
2 返信先の住所またはFAX番号
03-XXXX-XXXX
3 書名
ゼロからはじめる
Apple Watch Series 9
スマートガイド
4 本書の該当ページ
40ページ
5 ご使用のソフトウェアのバージョン
watchOS 10
6 ご質問内容
手順2の画面が表示されない

お問い合わせ先

〒162-0846
東京都新宿区市谷左内町21-13
株式会社技術評論社　書籍編集部
「ゼロからはじめる Apple Watch Series 9 スマートガイド」質問係
FAX番号　03-3513-6167
URL：https://book.gihyo.jp/116

ゼロからはじめる Apple Watch Series 9 スマートガイド

2023年12月 6日　初版　第1刷発行
2024年 2月29日　初版　第2刷発行

著者……リンクアップ
発行者……片岡　巌
発行所……株式会社 技術評論社
東京都新宿区市谷左内町21-13
電話……03-3513-6150　販売促進部
03-3513-6160　書籍編集部
編集……リンクアップ
装丁……菊池　祐（ライラック）
担当……荻原　祐二
本文デザイン・DTP……リンクアップ
本文撮影……リンクアップ
製本／印刷……図書印刷株式会社

定価はカバーに表示してあります。

落丁・乱丁がございましたら、弊社販売促進部までお送りください。交換いたします。
本書の一部または全部を著作権法の定める範囲を超え、無断で複写、複製、転載、テープ化、ファイルに落とすことを禁じます。

© 2023 リンクアップ

ISBN978-4-297-13869-1 C3055

Printed in Japan